LANDSCAPE RECORD
景观实录

社长/PRESIDENT　　宋纯智 scz@land-rec.com

主编/EDITOR IN CHIEF　　吴 磊 stone.wu@archina.com

编辑部主任/EDITORIAL DIRECTOR　　宋丹丹 sophia@land-rec.com
李 红 mandy@land-rec.com

编辑/EDITORS　　殷文文 lola@land-rec.com
张 靖 jutta@land-rec.com
张昊雪 jessica@land-rec.com

网络编辑/WEB EDITOR　　钟 澄 charley@land-rec.com

美术编辑/DESIGN AND PRODUCTION　　何 萍 pauline@land-rec.com

技术插图/CONTRIBUTING ILLUSTRATOR　　李 莹 laurence@land-rec.com

特约编辑/CONTRIBUTING EDITORS　　邹 喆 高 巍 李 娟

编辑顾问团/ADVISORY COMMITTEE　　Patrick Blanc, Thomas Balsley, Ive Haugeland
Nick Wilson, Lars Schwartz Hansen, Juli Capella,
Elger Blitz, Mário Fernandes
王向荣 庞 伟 孙 虎 何小强 黄剑锋

运营中心/MARKETING DEPARTMENT　　上海建盟文化传播有限公司
上海市飞虹路568弄17号

运营主管/MARKETING DIRECTOR　　刘梦丽 shirley.liu@ela.cn
(86 21) 5596-8582 fax: (86 21) 5596-7178

对外联络/BUSINESS DEVELOPMENT　　刘佳琪 crystal.liu@ela.cn
(86 21) 5596-7278 fax: (86 21) 5596-7178

运营编辑/MARKETING EDITOR　　李雪松 joanna.li@ela.cn

发行/DISTRIBUTION　　袁洪章 yuanhongzhang@mail.lnpgc.com.cn
(86 24) 2328-0366 fax: (86 24) 2328-0366

读者服务/READER SERVICE　　胡嘉思 tina@land-rec.com
(86 24) 2328-0035 fax: (86 24) 2328 0035

图书在版编目（CIP）数据

景观实录：景观设计中的色彩配置 / (英) 芬克编；李婵译.
-- 沈阳：辽宁科学技术出版社，2015.10
ISBN 978-7-5381-9473-9

Ⅰ．①景… Ⅱ．①芬… ②李… Ⅲ．①景观设计－色彩学
Ⅳ．① TU986.2

中国版本图书馆CIP数据核字〔2015〕第241192号

景观实录Vol.5/2015.10

辽宁科学技术出版社出版/发行（沈阳市和平区十一纬路29号）
各地新华书店、建筑书店经销

开本：880×1230毫米 1/16　印张：8　字数：100千字
2015年10月第1版　2015年10月第1次印刷
定价：**48.00元**
ISBN 978-7-5381-9473-9
版权所有　翻印必究

辽宁科学技术出版社 www.lnkj.com.cn
《景观实录》 http://www.land-rec.com

U0226024

Please Follow Us

《景观实录》官方网站
http://www.land-rec.com

《景观实录》官方新浪微博
http://weibo.com/LnkjLandscapeRecord

《景观实录》官方腾讯微博
http://t.qq.com/landscape-record

《景观实录》官方微信公众平台 微信号：
landscape-record

媒体支持：

LANDSCAPE RECORD

92

Vol. 5/2015.10

封面: 巴拿山山地度假村爱情花园, 乌闽安、巴拿山山地度假村摄

本页: 巴拿山山地度假村爱情花园, 乌闽安、巴拿山山地度假村摄

对页左图: 马克斯·谭宁邦康复花园, 图片由马克斯·谭宁邦康复花园提供

对页右图: 西武池袋总店屋顶花园, 佐藤振一写真事务所摄

59

66

景观新闻

4　2015年国际空中绿化大会即将举行

4　人文景观年度大会——拉近景观与生活

5　2015年绿色建筑博览会落户曼彻斯特

5　首届欧洲城市绿色基础设施大会即将揭开面纱

6　切斯特动物园"群岛"一期工程面向公众开放

6　丹·科森新作"变幻地貌"雕塑于奥克兰揭幕

7　"步入21世纪"大会：维也纳，迈进！

7　斋普尔筹备第13届可持续人居环境与智能城市国际会展

作品

8　纳曼SPA 水疗馆

14　暹罗RATCHAKRU大厦

20　悉尼科技大学校园绿地

主题项目

28　大阪三井花园至尊酒店

34　阮惠大道2014年园艺景观

42　丹顿农市府大厦广场景观

50　2014年德国联邦州园博会维斯高景观公园

56　马克斯·谭宁邦康复花园

62　西武池袋总店屋顶花园

68　努撒加雅度假休闲农庄酒店现代热带花园

72　帕尔马·伊尔·韦基奥展览户外景观

76　公共管理新城

82　拉特罗布分子科学研究所

88　逸居

深度策划

92　巴拿山山地度假村爱情花园

106　弗朗西丝·雅各布斯校园景观

景观规划与竞赛

114　绿色建筑户外景观规划

设计交流

120　全彩生活
　　文：彼得·芬克

设计师访谈

124　大自然的配色之道：探秘越南"造景"园艺
　　——访越南TA景观事务所

127　大胆的颜色，"出彩"的景观
　　——访RWA设计总监凯瑟琳·拉什

2015年国际空中绿化大会即将举行

国际空中绿化大会（ISGC）定于2015年11月5～7日在新加坡会展中心（MAX Atria）举行，本届大会将与亚洲绿色城市景观大会（GUSA）同期进行。

今年的空中绿化大会将有30多位业内顶级专家发表演讲，就今年的主题——"活的建筑"：构建可持续发展环境——分享他们的观点和看法。大会主要议题包括：

• 创建绿色规划：如何让绿化蓝图有效融入城市规划中？这项议题将探索规划师如何创建可持续的宜居城市以及如何让绿化切实融入到城市发展的脉络中。

• 空中绿化：城市密度不断增加，而且往往以绿化为代价。然而，现在，我们有了大面积绿化的建筑，其含有的绿化面积甚至可以达到相同体量的公园绿化面积的两倍。这项议题将深入分析一系列空中花园和垂直绿化的创意设计，这样的绿化设计仿佛穿梭于楼宇中的一只绿色的看不见的手。

• 公众参与：如今，公众的环保意识越来越强，对各种环保活动的参与也日益增多。这项议题将研究国际上成功的设计案例，在这些案例中，设计师让社区居民切身参与进来，打造自己的绿色宜居环境。

• 绿色工程技术：空中绿化设计的实施离不开工程开发技术的支持。这项议题将探索相关工程技术的进展，如承重问题、防水问题以及对原建筑结构的改造问题等。

• 绿色亚洲：亚洲的各大城市正在飞速发展成为全球都市，但在发展过程中，往往忽略了保护自身特色的重要性。这项议题将探索在规划和开发具备文化特异性的亚洲地区和建筑的背后，有哪些深层的思索。

• 建筑与绿化：建筑与景观之间传统的分界正在消失，二者正在融合成为一个密不可分的整体。这项议题将聚焦国际上一批优秀的绿色可持续建筑案例。

• 科研前沿：探索最新的空中绿化研究理念以及这些理念正在如何应用到现实的项目中。

• 空中绿化技术与发展：设计师和开发商总是在不断创新，努力想在开发项目中呈现令人惊叹的绿化效果。这项议题正是针对这一目标，带我们去了解目前市场上最新的空中绿化技术的发展。

• 未来趋势：开发既密集又宜居的城市环境，接下来的大趋势是什么？这项议题将探索空中绿化的潜力以及在未来城市建设中的应用。

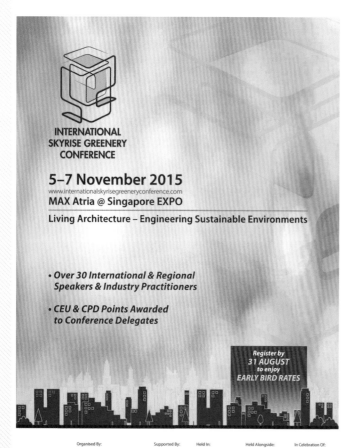

人文景观年度大会
——拉近景观与生活

人文景观学术委员会（ISCCL）年度会议将于2015年11月1～6日在韩国济州岛举行。这项会议由国际古迹遗址理事会（ICOMOS）联手国际风景园林师联合会（IFLA）于1970年创立，至今已为国际古迹遗址理事会做出巨大贡献。

今年的大会将进行为期两天的国际讨论会，主题是"反思生活景观——拉近景观与生活"。"生活景观"即指贴近我们日常生活的景观，它是景观存在的前提，亦是我们生活的背景。然而，由于过于熟悉，我们很少会注意到身边景观的价值。通过对"生活景观"的反思，我们能够唤起人文景观和古迹遗址中平时容易忽略的价值。不论城市还是乡村，"生活景观"随处可见：中央商务区、集市、乡间小路、农田阡陌……

国际讨论会上，今年的会议主题将从四个方面来探讨，分别是：

一、人文景观新理论
• 新的概念和思路带来新的视角
• 方法论
• 价值评估
• 美学
• 地域性和独特性
• "集体回忆"

二、保护与管理的策略和规划
• 管理与保护策略
• 可持续发展规划
• "活的景观"与旅游业
• 管治与当地运动
• 经济手段、法律手段

三、案例分析与经验总结
• 公园、花园与绿色基础设施
• 城市景观与普通场所
• 历史景观与人文遗址
• 地域特色与本地景观

四、专题讨论——岛屿景观
• 圣地与民间宗教景观
• 岛屿特有的乡土景观
• 岛屿的石林景观
• 岛屿的气候与景观
• 沿海景观、景观中的人

2015年绿色建筑博览会落户曼彻斯特

GreenbuildEXPO
Sustainable Refurbishment & Building Event
10TH & 11TH NOVEMBER 2015 - MANCHESTER CENTRAL

2015 年绿色建筑博览会（Greenbuild Expo 2015）将于 11 月 10～11 日在英国第二大城曼彻斯特举行。绿色建筑博览会是英国最重要的绿色建筑会展活动之一，聚焦可持续建筑与翻新工程。

今年的大会将关注行业内的几位关键人物以及他们对一些重大课题的意见。有关立法、技术空白、伦理、建筑信息模型（BIM）、燃料枯竭、建筑性能缺口以及更多方面的问题将在大会上有所涉猎。

与本届大会同期举行的还有一项新活动——"建筑与能源效率"（BEE）展览，旨在让建筑环境领域的专家接触到最新的产品和设计方法，了解关于能源效率、绿色翻新等方面的更多信息，以便更好地建设未来的建筑。这两项会展活动都将采取"自由会议"的形式，由业内专家做主题演讲，内容丰富多彩，从可再生能源到场外施工，不一而足。与会者将就如何建设创新的节能建筑和真正的绿色开发项目得到切实的指导。

本届绿色建筑博览会上的一大热点将是"绿色交易"主题辩论区，去年这里曾经人满为患，大家竞相争睹这项新动议到底是怎么回事。今年，与会的商业建筑专家在人数上增加了将近 15%，充分显示了人们对节能减排的建筑设计方法的热切关注，参展方对本届展会信心满满也不无道理——来自英国各地的与会者接近 4000 人，包括各行各业，如社会住房、办公建筑、医疗、教育、休闲、酒店和零售等领域。

首届欧洲城市绿色基础设施大会即将揭开面纱

欧洲城市绿色基础设施的年度最大盛会即将到来！首届欧洲城市绿色基础设施大会（European Urban Green Infrastructure Conference）由欧洲绿色屋顶与绿墙联盟（European Federation of Green Roofs and Walls）和维也纳市政府联合主办，将于 2015 年 11 月 23～25 日在奥地利首都维也纳举行。

本届大会将汇集多方的参与者，包括政策制定者、城市规划师、开发商、承建商、建筑师、施工方、制造商、社区团体、公共事业公司和非政府组织等。大会将主要从公众的视角来解读"生态系统服务"及其在城市环境下的运用，打造集知识交流、行业交往、设计实践、学习借鉴、成果展示于一体的平台。

大会第一天将探讨关于绿色基础设施与人、商业及金融的关系，具体包括以下议题：
- 气候变化
- 大自然：不是路过的地方，而是居住的家园
- "城市热岛效应"与能源
- 绿色基础设施与公众——身心健康与生活品质
- 创建社区
- 绿色基础设施与"生态系统服务"：以自然为出发点
- 商业与生物多样化：自然资产带来的商机

大会第二天将关注绿色基础设施的实施，涉及到相关的产品、技术和设计方法，具体包括以下议题：
- 绿色基础设施与"生态系统服务"——打造水敏性城市设计
- 未来城市——城市开发与新建筑的方法
- 工具：度量与分析工具、实施工具、以信息为基础的规划工具、决策工具

1ST EUROPEAN URBAN GREEN INFRASTRUCTURE CONFERENCE 2015VIENNA NOV.23|24

切斯特动物园"群岛"一期工程面向公众开放

久负盛名的英国切斯特动物园（Chester Zoo）近日宣布，新建的"群岛"区一期工程业已竣工。这是英国动物园建设历史上最大规模的开发工程，耗资 4000 万英镑，规划设计由曼彻斯特的巴顿·威尔莫尔咨询公司（Barton Willmore）指导。

一期工程将焦点对准那些常常受到忽视的濒危物种，比如目前已极度濒危的米沙鄢疣猪、爪哇野牛、苏格兰低地小野牛以及看起来像是史前物种的食火鸡（鹤鸵）等。"群岛"区一期工程内有"海滩"、15 分钟一趟的渡船、"校舍"、露天厨房和游乐区等，各种设施一应俱全。

二期工程将由柏林丹·皮尔曼建筑事务所（Dan Pearlman）操刀设计，并由 T&T 工程管理公司（Turner & Townsend）进行专业的项目管理。"群岛"二期工程将建设"季风林"——英国最大的室内动物展馆，展出的物种有苏门答腊猩猩、苏拉威西猕猴和马来长吻鳄等。

切斯特动物园园长马克·皮尔格林博士（Mark Pilgrim）表示："'群岛'一期工程已经进行了五年的建设。我们不仅打造了广受欢迎的一流的旅游景点，我们更希望'群岛'工程能让大家聚焦东南亚，并关注我们在那里参与的一系列保护项目。'群岛'真的是一片生物多样性热点地区，这里有许多濒危动物和植物，更重要的是，它能让我们看到这些物种面临的威胁，进而对游客产生影响。"

丹·科森新作"变幻地貌"雕塑于奥克兰揭幕

美国西雅图知名跨界设计师丹·科森（Dan Corson）的新作——"变幻地貌"（Shifting Topographies）——于加州西部城市奥克兰湾区捷运系统（BART）19 号街街口正式揭幕，这也是奥克兰政府出资发起的"点亮奥克兰"（Luminous Oakland）工程的一部分。

设计的灵感来自奥克兰起伏的山脉形成的变幻的图形与色彩（从绿色到金色），更为宏观的灵感之源来自毗邻的旧金山湾水面的波纹（灰色—蓝色—绿色）。

雕塑采用高密度泡沫材料制成，表面使用了一种硬度很高的覆层，这种材料极其坚固，常用于载重车车厢挂面层。表层材料上再喷涂多层变色漆，使其能够根据光照角度、观者的位置以及一天不同的时段变换颜色。在某个时段，一道绿光会随着观者的走动在壁上移动，而其周围的地方则变成青色或深蓝色。也有些时候，表面会全部呈现为蓝色或绿色，或在这两种颜色之间变换。这种特制漆专用于货币上的防伪标识以及一些变色汽车上。

夜晚，整个雕塑跟旁边的剧院、夜店和画廊等场所的闪烁灯光交相辉映，让这个原本略显萧条的街口生动起来，充满色彩、图案、动感和刺激。雕塑表面利用了各种图案营造动态的感觉，比如地形等高线、大气星云图和流水的漩涡等。

"步入21世纪" 大会: 维也纳, 迈进!

2015 年是奥地利维也纳的 "步行年"。继悉尼与慕尼黑之后维也纳将成为 2015 年 "步入 21 世纪" 大会（Walk21）的主办城市。这项世界盛会关注步行、生活质量和城市开发等问题，将于 2015 年 10 月 20 ~ 23 日举行。

本届大会的主题是 "迈进"。会议将吸引来自各界的 230 余位专家，涉及城市规划与开发、政治、科技、医疗保健、建筑、非政府组织等相关各方，其他与会者达到 700 人，来自世界各地。大家齐聚维也纳，共同探讨有关城市步行交通和空间的规划与设计问题。大会的议题包括公共空间、生活质量与 "弹性城市"、安全与健康、"城市漫步" 等。

维也纳一直作为顶级的智能城市而享誉全球。市政管理处制定了长远的发展规划，旨在确保维持每位市民的高品质生活。这其中就涉及步行。维也纳市政府致力于倡导步行交通的发展，不仅包括改善各种基础设施还广泛使用一系列监测措施。很多问题将在本届大会上进行深入讨论，比如：如何改善维也纳的生活质量、"城市弹性" 以及在 "迈向 2025" 城市发展规划和 "智能城市维也纳战略构想" 中交通政策的实施。

"步入 21 世纪" 大会是一项国际盛会，旨在让公众牢固树立起步行意识。这项大会由非营利组织 "步入 21 世纪" 发起并主办，该组织倡导在世界范围内推广步行运动。

斋普尔筹备第13届可持续人居环境与智能城市国际会展

第 13 届可持续人居环境与智能城市国际会展（Municipalika 2015）目前正在印度拉贾斯坦邦斋普尔市筹备，大会将于 2015 年 12 月 9 ~ 11 日举行。

这项会展是印度在此领域唯一的重要活动，关注可持续人居环境与良好的城市管理。其中，会议与展览活动并重，共为期三天，与会者包括市长、政府特派员、来自中央政府及各州政府城市开发部的资深官员、印度各地的房产开发机构、建筑环境领域专家、建筑师、规划师和工程师等。本届大会上，来自印度国内以及国际上的专家将齐聚一堂，共同回答 "如何规划、设计、建造并维护可持续人居环境与智能城市" 这一问题。

会上将讨论的议题有：

• 智能城市：如何实现城市的智能——竞争力、可持续、资源丰富且具备包容性？智能城市的主要特色；智能城市的推动者和行动者；资源动员；国内与国际案例分析。

• 活力城市（文化遗产保护问题）：文化遗产区的保护；将历史遗产建筑物和保护区作为旅游景点来开发；文化遗产区的步行空间；建造大规模建筑，保护文化遗产。

• 健康城市（水资源管理整合）：供水、处理与配水；全年、全天候供水；计量；减少传输与分配环节的损失；水资源保护；雨水收集；含水层补给；2019 年实现全民卫生环境；废水处理的几种办法；废水回收与再利用；河流水体的清洁。

• 绿色城市：低碳、节能、可持续的人居环境——可持续社区开发的几种模式；被动式节能设计；主动式节能设计与应用；可再生能源的利用；太阳能城市。

• 一体式城市：自给自足的城市；新城区开发；双城模式；卫星城市。

13th International Conference & Exhibition on Sustainable Habitat & Smart Cities

9, 10, 11 December 2015 | Jaipur Exhibition & Convention Centre, Jaipur, Rajasthan, India

纳曼 SPA 水疗馆

项目地点：越南，岘港
委托时间：2014 年
竣工时间：2015 年 2 月
建筑设计：MIA 设计工作室（MIA Design Studio）
主持建筑师：阮黄孟（Nguyen Hoang Manh）
概念设计：阮黄孟、阮国隆（Nguyen Quoc Long）
技术设计：裴黄宝（Bui Hoang Bao）
室内设计：史蒂文·巴特曼（Steven Baeteman）、张崇达（Truong Trong Dat）、黎胡玉草（Le Ho Ngoc Thao）
开发商：坦杜投资建设公司（Thanh Do Investment and Construction Cooperation）
建筑面积：2,250 平方米
水疗间：15 个
摄影：大木广之（Hiroyuki Oki）

1、2. 一片宁静的绿洲

　　纯净 SPA 水疗馆（Pure Spa）是越南岘港市五星级酒店纳曼度假村（Naman Retreat）里一片宁静的绿洲，共有 15 个水疗间，掩映在郁郁葱葱的露天花园中，配有泡沫浴缸和双人坐卧两用长椅。健身俱乐部里有一片开放式休闲花园，清晨时分可以在这里健身、静思或者练瑜伽。一楼是开放式空间，布置了若干休闲平台，四周是静谧的莲花池和空中花园。这里是一片真正的净土，触及你所有的感官，让心灵回归平静。

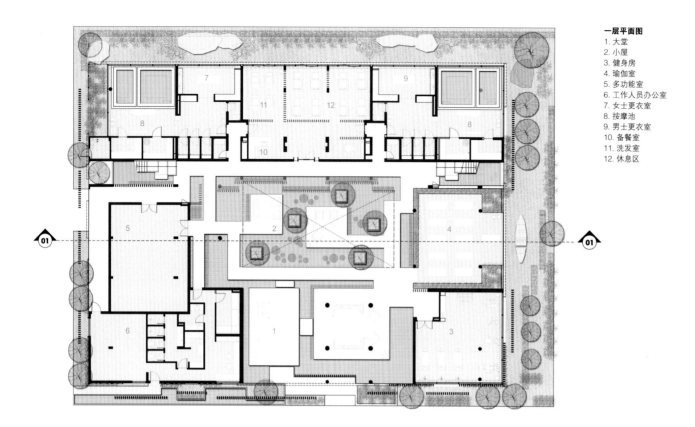

一层平面图
1. 大堂
2. 小屋
3. 健身房
4. 瑜伽室
5. 多功能室
6. 工作人员办公室
7. 女士更衣室
8. 按摩池
9. 男士更衣室
10. 备餐室
11. 洗发室
12. 休息区

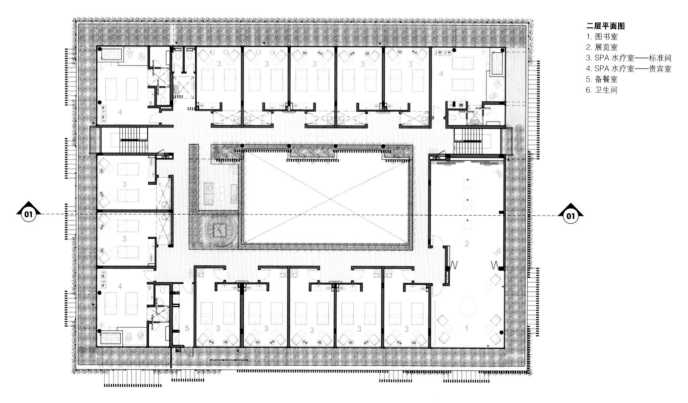

二层平面图
1. 图书室
2. 展览室
3. SPA 水疗室——标准间
4. SPA 水疗室——贵宾室
5. 备餐室
6. 卫生间

1. 外观全景
2. 绵延的绿墙
3. 夜景

1

设计采用自然通风，利用天然风保持楼内凉爽舒适，让宾客备感清爽。使用本地植物，营造"治愈系"环境氛围，让宾客在私密的环境下享受身心愉悦。

无可否认，植物大大有助于环境通风，并且让人更贴近大自然。纳曼 SPA 水疗馆毗邻越南中部的阳光海岸，气候较为极端。因此，景观设计中选用的植物必须是能抵御暴风侵袭

的品种，比如棕榈、银毛树、龙血树等。

此外，设计还用到攀爬植物来营造绿墙，以降低阳光照射下的楼体温度，比如阔苞菊、

2

3

结构示意图
1. 绿色屋顶
2. 绿化带
3. 绿色中空空间
4. 露天区——大堂
5. 悬垂植物
6. 遮光层——绿植
7. 遮光层——图案
8. 与别墅之间确保私密性
9. 与平房之间确保私密性
10. 与餐厅之间确保私密性

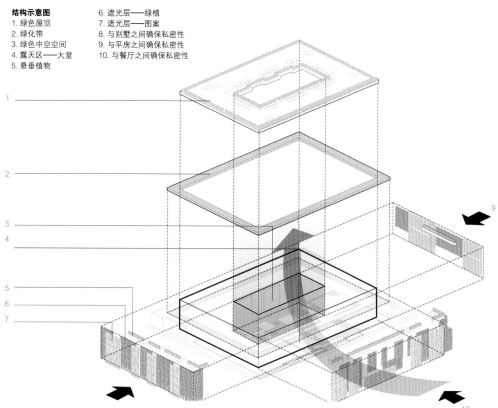

绿萝、使君子等。这些植物不仅带来阴凉、色彩和香气，而且有助于建筑的私密性和独特性。茂盛的植物搭配整洁的藤架，黎明或黄昏时营造出魅力无穷的光影效果。

不同的空间彼此流畅衔接，而优美的景观环境进一步营造出梦幻般的空间体验。外墙由格栅构成，间或穿插垂直绿墙，把炽烈的热带阳光转变为墙面上优雅的光影效果。各种植被经过精心布置，成为构成建筑外墙的一部分。

1. 室内绿墙采用本地植物
2. 自然通风
3. 植被凸显墙面质感
4. 光影效果

接待台

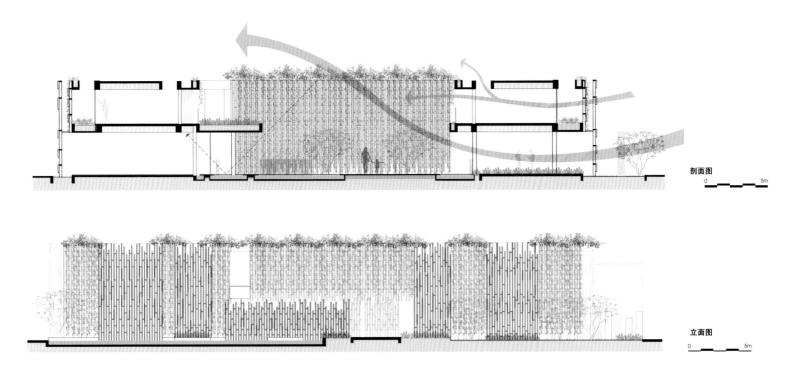

剖面图

0   5m

立面图

0   5m

项目地点：泰国，曼谷
竣工时间：2014 年 11 月
景观设计：萨尼塔设计工作室（Sanitas Studio）
委托客户：盛诗里房地产公司（Sansiri）
建筑功能：A 栋 / 办公楼（48 个写字间）
　　　　　B 栋 / 公寓楼（231 套公寓）
建筑面积：2,055 平方米
景观面积：一楼 /1,027 平方米
　　　　　八楼 /413 平方米（A 栋与 B 栋衔接处）
　　　　　十六楼 /126.61 平方米（A 栋办公楼）
　　　　　二十八楼 /316.13 平方米（B 栋公寓楼）
摄影：空间转换工作室（Spaceshift Studio）、Chaichoompol Vathakanon

暹罗
RATCHAKRU 大厦

2011 年，泰国萨尼塔设计工作室接到暹罗资产有限公司（Siamese Asset）的委托，为暹罗 RATCHAKRU 大厦（Siamese Ratchakru）做景观设计。这是一个多功能开发项目，位于曼谷市中心，包括两栋建筑，一栋是办公楼，16 层，一栋是公寓楼，28 层。本案的设计跳出了常规的建筑户外空间绿化套路，而是着眼整体环境，将绿色景观融入每个可能的角落。从办公楼前的广场，到公寓楼的入口花园，从八楼的游泳池，到二十八楼的芳草园，包括楼梯和一楼停车场的垂直绿化，打造出全方位、立体化的景观环境。

1. 入口毗邻倒影池
2. B 栋庭院内的倒影池
3. "森林"中的雕塑

设计理念——"都市绿洲"

曼谷市中心可谓寸土寸金，本案的景观设计不仅要为这两栋大楼服务，更要在繁华的市中心打造一片宁静的"都市绿洲"。设计以三角形的"景观模块"为单位，通过"模块"的组合构成楼顶的芳草园、泳池边的小花园以及一系列"墙上花园"等。景观设计旨在凸显"都市绿洲"的环境氛围，绿色植物带来大自然的气息，地面铺装简洁大气，"软景观"与"硬景观"形成鲜明对照。

八层着色平面图

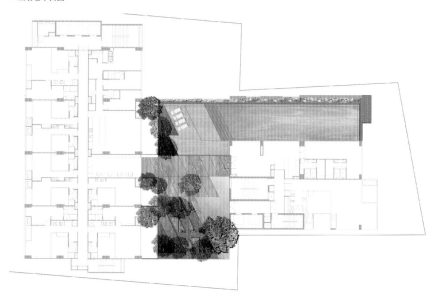

一层着色平面图

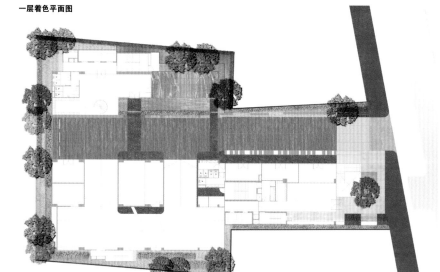

泳池剖面图
1. 住宅楼
2. 花池
3. 跌水池
4. 儿童泳池
5. 泳池

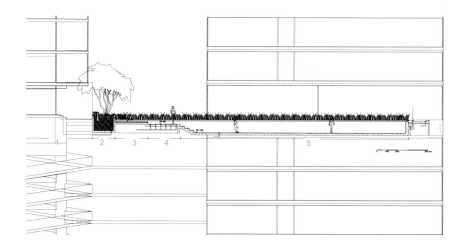

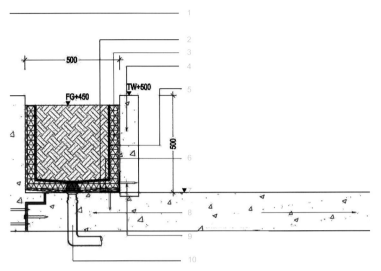

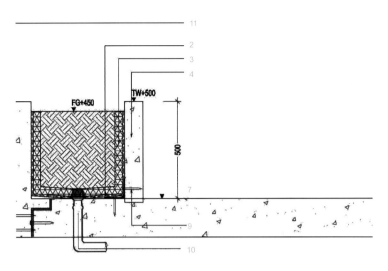

绿墙植栽详图
1. 结构与安装见工程师说明与大样图
2. 防水膜
3. 排水口
4. 种植槽混凝土结构见工程师大样图
5. 纤维土工织物
6. 水泥砂浆底层
7. 结构平面 RL+000
8. 混凝土结构见工程师大样图
9. 细部结构
10. 排水
11. 绿墙板材

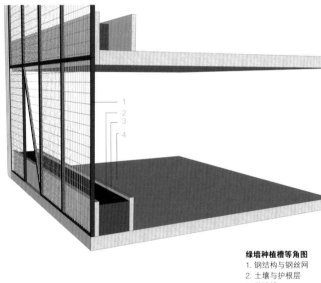

绿墙种植槽等角图
1. 钢结构与钢丝网
2. 土壤与护根层
3. 种植槽
4. 混凝土板

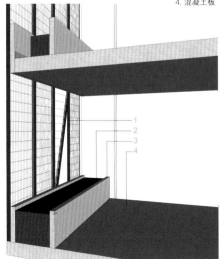

消防楼梯和裙楼（停车场）的立面上，一系列"墙上花园"用浓浓的绿意点亮了街道景观的形象。正门处是个水景庭园，作为街道与办公楼入口大厅之间的过渡空间。穿过水面如镜的池塘，你会不由自主地放慢脚步。公寓楼也是以水为主题的庭园景观，风格更贴近大自然，高大的棋盘脚树和地面的蕨类植物形成高低呼应。定制的景观小品更是让这两个庭院锦上添花。

前院的设计理念是"都市景观",意在打造建筑环境与自然环境的完美衔接。公寓楼里的水景园林设计风格是"森林景观",目标是营造人与自然和谐共处的意境。泳池紧邻"都市绿洲"的模块化景观,池边的小花园里最适合闲庭信步。这里虽然空间有限,但休闲功能一应俱全:你可以在池中畅游,可以躺在池边平台上晒太阳,也可以在小花园里漫步。花园采用开放式格局,外围不设围墙,只以一圈本地常见的树木作为"软围墙"。

绿墙上的攀援植物有桂叶山牵牛、猫爪藤、金银花等,灌溉采用迷你喷射灌溉系统。

1. 花池和座椅象征着片片绿洲
2. 泳池花园采用三角形图案
3. 泳池花园
4. 八层泳池
5. 雕塑——"城市"
6. 雕塑特写

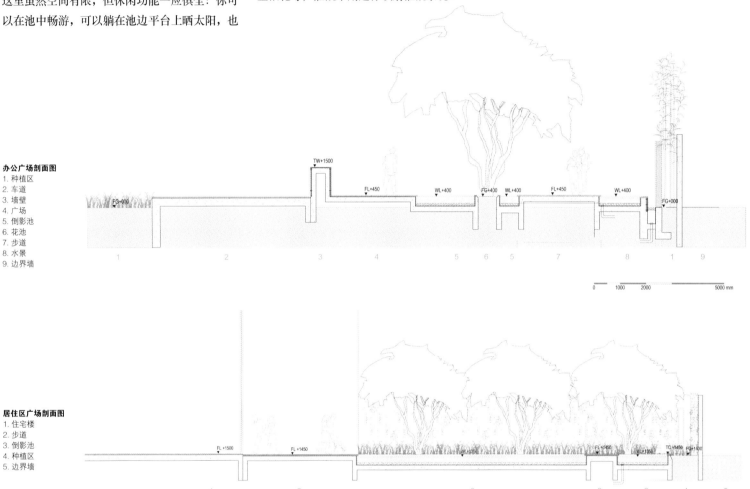

办公广场剖面图
1. 种植区
2. 车道
3. 墙壁
4. 广场
5. 倒影池
6. 花池
7. 步道
8. 水景
9. 边界墙

居住区广场剖面图
1. 住宅楼
2. 步道
3. 倒影池
4. 种植区
5. 边界墙

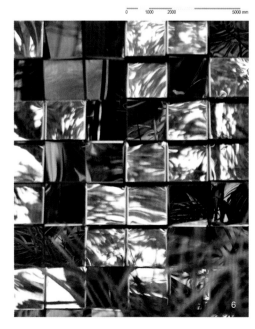

悉尼科技大学校园绿地

项目地点：澳大利亚，悉尼

竣工时间：2015 年

景观设计：澳派景观设计工作室（ASPECT Studios）

结构工程：TTW 工程公司（Taylor Thomson Whitting）

水利顾问：WSP 工程公司（Warren Smith + Partners）、奥雅纳工程顾问公司（ARUP）

照明兼电力顾问：斯滕森瓦明工程公司（Steensen Varming）

建筑设计（理学院和卫生研究生院）：DBJ 建筑事务所（Durbach Block Jaggers +）、多诺万·希尔建筑事务所（BVN Donovan Hill）

建筑设计（图书检索楼）：哈塞尔建筑事务所（Hassell）

施工项目管理顾问：戴维斯工程管理公司（Savills Project Management）

总施工单位：理查德·克鲁克斯工程公司（Richard Crookes Constructions）

委托客户：悉尼科技大学

面积：6,500 平方米

摄影：西蒙·伍德（Simon Wood）、佛罗莱恩·格伦（Florian Groehn）

悉尼科技大学校园绿地是悉尼科技大学市中校区最为重要的公共开放空间。悉尼科技大学因其 20 世纪 60 年代的"野兽派风格"高楼而闻名，而高楼也是校园的核心建筑之一，但在这里，学生在绿色景观空间学习及社交的机会却较为有限。全新的绿化空间提供了一次社交、学习及充分享受校园生活的独特体验机会。本案的设计提供了各类社交设施，为户外交流与活动创造了更多机会。

总平面图

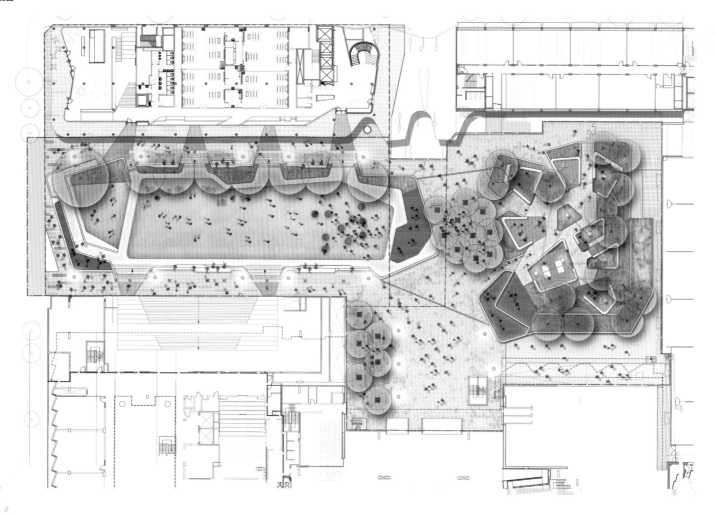

2012 年 7 月，澳派景观设计工作室赢得了悉尼科技大学新校园绿地的公开设计竞赛。竞赛后，在校方的邀请之下，澳派景观设计工作室开展了深化设计工作。新校园绿地建成之时，全新的理学院和卫生研究生院及图书检索楼也已建造。校园绿地的设计将这三个项目紧紧相连，并为周边之后的新项目设定了方向，建立了新的标准。

根据竞赛中所提供的任务书，悉尼科技大学校园绿地区域对打造"吸引人停留的校园"有着重要的意义，这是当初校园总体规划中反复提及的关键原则。

1. 遮篷采用反光镜面材料
2、3. 座椅
4. 花园内设有乒乓球桌

剖面图

　　校园绿地的规划是以具有强烈特色的概念设计分析为主导，并体现在规划和设计过程中所出现的每项设计改动决策之中。为了呼应当年校园总体规划的远景——打造出"吸引人停留的校园"，澳派景观设计工作室将场地划分为三部分：中心绿地、中心广场和惬意花园。每个部分的位置选址都经过精心的安排，全面考虑了场地朝向、光照、流线、场地功能用途及周边建筑开发计划情况等。

　　·中心绿地是一片广阔的、抬高的大草坪，可以用来举办特殊节日活动，又可供人们进行日常休闲聚会。大草坪的边界有着很多特色的座椅空间，人们可在这里短暂休息。

　　·中心广场则为学生和来此的访客提供一处典礼聚会之所。

1. 绿地边缘同时也是座椅
2. 理学院大楼屋顶绿化
3. 多样化的植物营造出都市绿洲

· 惬意花园是一个美丽的小聚会空间，种有郁郁葱葱的植物，为一系列相连的休憩场地提供了林荫遮蔽。每个休憩场地都设有各类便利设施，如桌子、可移动座椅、笔记本电源插座、烧烤设备以及乒乓球桌等。

新的校园公共空间功能丰富，尺度宜人，很好地满足了人们在不同时间段举办各类活动的需求。不论是个人或群体，不论是举行典礼仪式或举办庆祝活动，人们都可在这里开展活动。这些空间的设计就是为了满足不同类型活动的需求，如入学咨询、迎新会、音乐会、露天影院、花园聚会、烧烤或其他联合庆典和活动等。

整个设计将具有多功能用途的元素作为其概念主导，并通过在每个区域的边界设计休息和聚会场地，将使用者舒适度放在首位，实现创建"吸引人停留的校园"的目标。

本案的绿地空间建于悉尼科技大学中央图书馆之上。这一全新的校园公共中心区域向人们展示了绿化基础设施、城市绿化及环境营造的魅力与益处。校园还免费提供座椅和景观小品及家具，并负责环境管理，从而营造出舒适的高品质环境，倡导社交生活，提供更好的学生日常生活体验。

此外，澳派景观设计工作室还与悉尼科技大学合作，在 DBJ 建筑事务所和多诺万·希尔建筑事务所设计的理学院上方打造了种有大量葱郁植物的绿色屋顶，不仅为大楼营造出积极良好的环境效益，更提供了一处休憩及社交互动的空间。

大阪三井花园至尊酒店

景观设计：STGK 景观事务所
项目地点：日本，大阪，中之岛

色彩配置

本案以精致典雅的日式风情为特色，用樱花树营造出插花的艺术效果，随着季节的变化形成不同的色彩。

总平面图

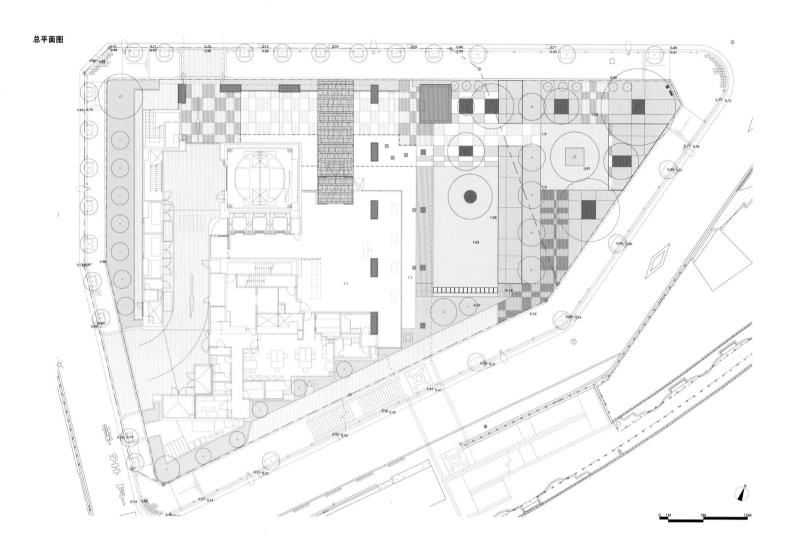

项目名称：
大阪三井花园至尊酒店
竣工时间：
2014年3月
施工单位：
清水建设（Shimizu Corporation）
委托客户：
三井不动产（Mitsui Fudosan）
用地面积：
1,933.89平方米
建筑面积：
1,105平方米
摄影：
奥村辉二

1. 从花园遥望酒店入口
2、3. 从入口眺望花园

中之岛是来到日本大阪地区的国际游客和日本商界人士的重要枢纽。大阪三井花园至尊酒店（Mitsui Garden Hotel Osaka Premier）以精致典雅的日式风情为特色，日本STGK景观事务所设计为之设计的花园景观也呼应了这一风格。

日本有一种料理是利用花和叶子装饰盘内的食物来庆祝不同的季节，本案的设计主题就源自于此。对日本人来说，欣赏季节的变化在他们的日常生活中有着某种仪式般的意义。这种仪式感也体现在日本的插花艺术中；俳句（日本一种无韵的三行诗）中也常见关于季节的词汇。

剖面图（春季）

剖面图（秋季）

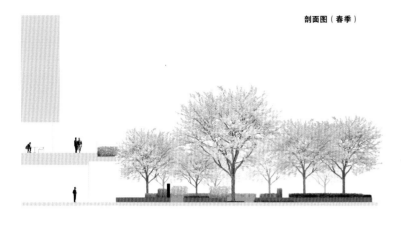

剖面图（夏季）

剖面图（冬季）

　　在本案中，象征着春天的到来的樱花树仿佛插在"街头花瓶"中，而不是简单的种在绿化区里。日本有 600 多种樱花树，本案精选了很多不同的品种。此外还使用了其他种类的树木，以便更好地在视觉效果上体现出大自然的动感，比如风和阳光穿过摇曳的树叶和花朵⋯⋯

　　除了用樱花树营造出插花的艺术效果，设计还利用地面铺装来体现传统的日本纹样。所有铺装表面都采用随机的格子花纹，包括软景观里的铺装。整个花园看上去既现代，又传统。

　　设计抓住了大自然和日本文化细腻的精髓，并以现代的手法加以表现，完美地体现了这家酒店精致典雅的品位。

1. 地面铺装方格中嵌入马尾草

剖面图

1. 草坪上设置踏步石
2. 夜幕下的樱花树
3. 绿墙
4. 定制的灯笼采用樱花图案

4

樱花图案定制灯笼

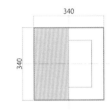

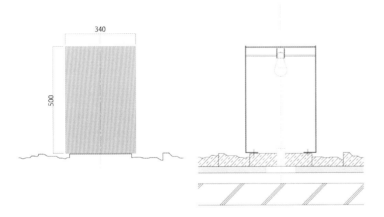

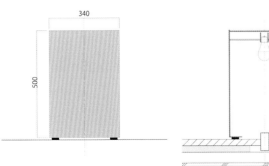

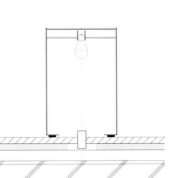

灯罩图案

阮惠大道
园艺景观

景观设计：TA 景观事务所
项目地点：越南，胡志明市

色彩配置
阮惠大道园艺景观独特，引人注目。它将我们熟悉的街道突然间变得绿意盎然，色彩斑斓，生机勃勃，充满节日的气息。

　　现代都市生活充斥着忙碌的工作、拥挤的交通、繁琐的日常……在这样的生活环境中，一条从前车水马龙的街道突然有一天变成了让人眼前一亮的公共园艺景观，瞬间点亮了黯淡的都市生活。这就是为什么越南很多城市近期都在兴起一种名为"街道园艺"的景观工程。首开先河的就是本案中胡志明市的阮惠大道（Nguyen Hue Boulevard），从 2004 年开始就在春节期间开展街道园艺。纵观世界范围内的同类项目，我们可以发现，这类项目最显著的特征，也就是将其与其他类景观项目区别开来的特征，就是"临时性"。也就是说，这类景观只在一年中的某个时间出现，并且只存在于某个时间段里。也正因为这一特性，阮惠大道园艺景观才显得更加独特，更吸引人。它将我们熟悉的街道突然间变得绿意盎然，色彩斑斓，生机勃勃，充满节日的气息。

项目名称：
阮惠大道园艺景观
竣工时间：
2013年、2014年
设计团队：
英乌闽（Vu Viet Anh）、范爱
水（Pham Thi Ai Thuy）等
施工单位：
槟国旅游村（Binh Quoi
Tourist Village）、P+G绿化
工程公司（Park and Greenery
Co.）、公共照明公司（Public
Lighting Company）
委托客户：
胡志明市市政厅、西贡旅行社
（Saigontourist）
总长：
750米
面积：
2.5公顷
摄影：
图片由TA景观事务所、西贡旅行
社、阮东（Duong Nguyen）提供

1. 花篮挂在竹子结构上
2. 彩虹造景代表了新春的到来
3. 节日夜景

4. 都市环境中的稻田
5. 人形造景——身着越南传统服装的小女孩

2014 年阮惠大道的园艺景观由越南 TA 景观事务所（TA Landscape Architecture）操刀。为符合上述的景观特点，设计师面临着很多挑战，包括：

第一，设计方案必须不影响街道空间的原样。节日过后，街道必须恢复原样。

第二，由于是临时性的景观工程，所以施工时间非常紧张。为此，设计采用预制组件的形式，方便现场快速组装。

第三，由于这类景观工程只存在于短时间内，所以投资费用要尽量降低。这也意味着所用的材料应该使用简单，价格低廉，或者是可以回收利用。

第四，街道空间总是固定不变的原样，资源很有限，但设计师要做到让每年的街道园艺有所不同，满足大众的审美品味——要知道，现在公众的审美可是越来越挑剔了！此外，设计还必须符合政府当局每年规定的主题和要求。这与国外设计师只需要专注于自身的创造性来打造独特的设计有很大不同。也许，这第四点挑战对于这类节日景观的设计与施工来说是最大的困难。

设计方案的主要灵感来源于传统文化、艺术与手工艺。首先，设计选用了粗糙的原材料，比如茅草、竹子、藤条、水葫芦、陶瓷、陶瓦等，这些东西对于大多数越南人来说都很熟悉、亲切，因为他们很多都出身于乡下，过去生活在乡间田边，现在身处都市环境，周围全是混凝土、钢筋、玻璃……因此，对他们来说，这些原始的材料显得更有吸引力。阮惠大道上选用的植物和花卉大多是大家熟悉的种类，价格不贵，色彩斑斓，容易种植，能适应炎热的气候。植物和花卉的布置位置和结构每年都不同，总在寻求创新，这已经成为阮惠大道园艺景观的标志了。

第二个设计理念就是根据既定空间的情况来决定景观的造型和空间的布置，同时借鉴传统神话故事、民间风俗、越南各地的地域文化以及热带风情的主题等。这些元素为打造现代的景观设计提供了丰富的背景，让阮惠大道每年呈现出不同的景观，同时又形成了鲜明的特色，吸引了无数游人。

比如说，春节期间，阮惠大道园艺景观最突出的形象就是对东方文化中十二生肖黄历纪年的表现，每一年都不同。手法通常是将相应的生肖形象放在大道入口处，做成标志性的形象，表示对游客的欢迎，同时作为一种文化

阮惠大道园艺景观透视分析图

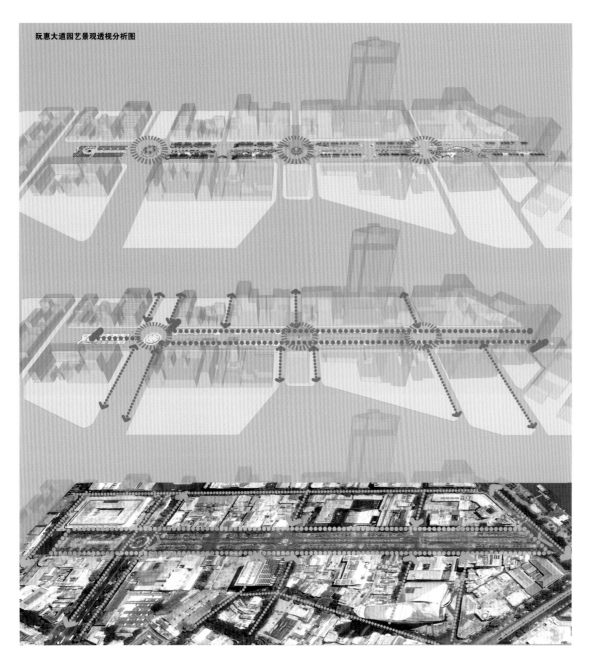

象征，也代表了对新的一年幸福和繁荣的期盼。2014年是马年，大道入口处设置了五匹马，颜色各异，分别代表了"五行"的基本元素——金木水火土。这五匹马围绕着钟表造型的雕塑，传达的信息是：时间比金子更珍贵；成功和幸福只属于那些懂得时间的价值并能最好地利用时间的人。这一景致由此得名为"时间之春"。

过了这道大门，游客还会看到很多景致，全都从越南标志性的传统文化和特色中脱胎而来，比如说椰子树、大型金属雕花（花蕊处用真花）、怒放的花朵、蓝色的海洋……大道上的另一个标志形象是一片绿油油的稻田，非常吸引眼球，其景观包含四个层次。第一个是稻田里的茅草屋；第二个是一栋法式风情建筑；第三个是一座钢与玻璃构筑的办公楼；第四个是胡志明市最高的一栋地标式建筑。

总平面图

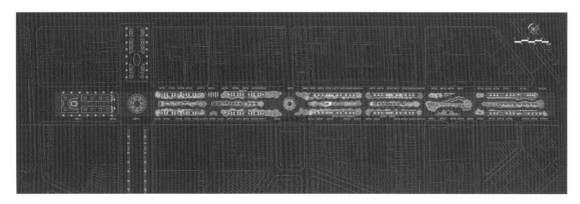

1. 椰子树配黄花篮，别有一番情趣
2. 花环迎新春
3. 向日葵造景

1. 幽幽兰花香，啾啾鸟鸣趣
2. 真花套假花
3. 蜻蜓造景
4. 双蛇造景完工
5. 垂直花园造景完工

立面图

透视图

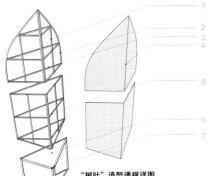

"树叶"造型透视详图
1. 模块组件 I 构成"垂直花园"的两个面，焊接角度为 110 度，以钢条支撑（矩形钢规格：30 毫米 ×30 毫米）
2. 结构框架（矩形钢规格：30 毫米 ×30 毫米）
3. 钢条（矩形钢规格：30 毫米 ×30 毫米）
4. 5 毫米厚塑料板材，通过螺丝与钢框架相连
5. 模块组件 II
6. 模块组件 III，采用钢框架（矩形钢规格：50 毫米 ×50 毫米）
7. 钢条，在组件 II 和组件 III 之间起到防滑作用

植栽造景设计

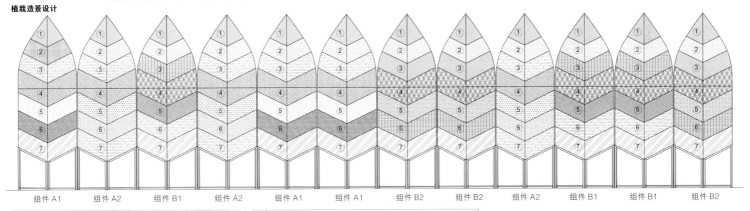

组件 A1　组件 A2　组件 B1　组件 A2　组件 A1　组件 A1　组件 B2　组件 B2　组件 A2　组件 B1　组件 B1　组件 B2

	组件 A1
1	黄色鸢尾
2	云雾草
3	蕨类
4	吊兰
5	紫色石斛兰
6	菠萝叶
7	喜林芋"上都"

	组件 A2
1	黄色鸢尾
2	云雾草
3	蕨类
4	吊兰
5	白色石斛兰
6	佛焰苞
7	蕨类

	组件 B1
1	黄色鸢尾
2	云雾草
3	彩色叶片组合
4	吊兰
5	深粉色石斛兰 + 斑纹粉色石斛兰
6	蕨类
7	喜林芋"上都"

	组件 B2
1	黄色鸢尾
2	云雾草
3	喜林芋"上都"
4	吊兰
5	黄色金蝶兰 + 粉色石斛兰
6	彩色叶片组合
7	喜林芋"上都"

丹顿农市府大厦广场景观

景观设计： RWA 景观事务所
项目地点： 澳大利亚，维多利亚州，丹顿农

色彩配置

整体设计以红色和橙色为主，包括座椅、灯柱、建筑入口和地面铺装。这种色调拥有广泛适用性，与各种文化背景都不会冲突，在亚洲、非洲和中东的设计中都很常见。

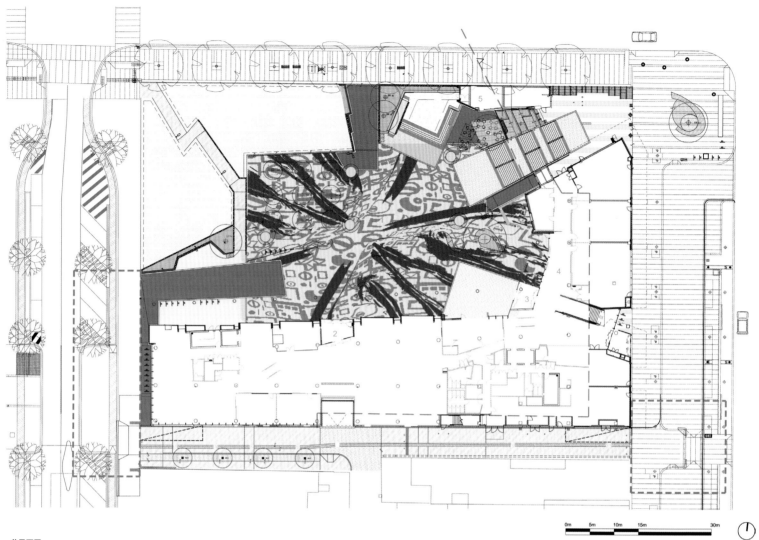

总平面图
1. 广场
2. 广场上的图书馆入口
3. 广场上的政府办公楼入口
4. 社区活动室
5. 零售空间

0m　5m　10m　15m　　　　30m

项目名称：
丹顿农市府大厦广场景观
竣工时间：
2014年
建筑设计：
莱昂斯建筑事务所（Lyons）
铺装设计：
材思设计工作室（Material Thinking）/保罗·卡特（Paul Carter）、艾德蒙·卡特（Ed Carter）
委托客户：
丹顿农市政府
面积：
4,500平方米
摄影：
彼得·本内茨（Peter Bennetts）、克里斯·厄斯金（Chris Erskine）、迈克尔·莱特（Michael Wright）

　　作为墨尔本的卫星城，丹顿农近年来发展迅猛，新建的市府大厦更是让市中心区的面貌焕然一新。由澳洲 RWA 景观事务所（Rush Wright Associates）打造的杰出的户外景观设计使这里迅速成为市中心的核心公共空间。这里有政府服务部门、图书馆、各类休闲空间和商业空间，配套设施齐全，已然成为市民休闲活动的重要场所。

　　市府大厦户外公共空间以广场为核心，周围聚集了市政府的日常办公部门、新建的图书馆、社区活动室等。广场本身也能用于各类活动。设计上侧重安全性和舒适性，旨在满足一年四季全天候的使用需求。

1. 铺装：15 万块铺路石按照精准的位置铺设
2. "雨水花园"里树木林立
3. 远处是历史悠久的市政厅

1. 广场入口人头攒动
2. 路灯美观又实用
3. 主楼梯
4. 有时，色彩即建筑

主楼梯栏杆立面图
（比例尺：1:10）

1. 不锈钢扶手
2. 200 毫米 ×40 毫米木板贴于混凝土墙面上；所有可见边缘加 10 毫米保护层
3. 铺装类型：13，边缘用白色花岗岩
4. 光滑栏杆，见详图与说明
5. 混凝土墙

主楼梯轴侧图
（不按比例）

1. Latham Asbraloy S 系列 FA501S 型凹式安全楼梯阶沿
2. 入口铺装类型：03，混合色花岗岩
3. 不锈钢触觉表面（提示到达地面）
4. 铺装类型：13，楼梯纵梁边缘用白色花岗岩
5. 不锈钢扶手
6. 米白色混凝土，与其他墙面保持色调协调
7. 光滑栏杆
8. 纵梁表面采用白色花岗岩
9. 带不锈钢扶手的光滑栏杆
10. 200 毫米 ×40 毫米木板贴于混凝土墙面上；所有可见边缘加 10 毫米保护层；确保木板层与未来环境平面设计可以相融
11. 上方建筑边线

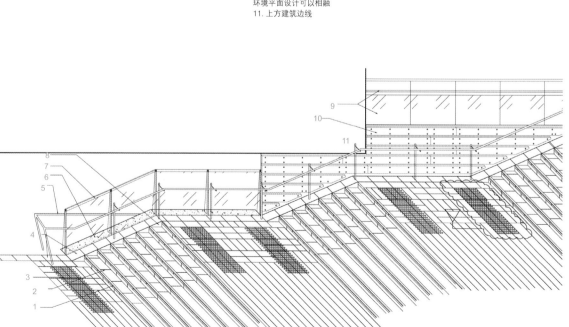

广场的设计尤其考虑到举办大型户外活动的功能。丹顿农市人口组成多样化，生活方式和价值观存在较大差异，对公共空间的利用方式也有很大不同。设计采用中央开放式空间的布局，最大程度上实现了空间使用的灵活性。周围布置了十多个小空间，每个空间各具特色，适合进行不同的活动，商业氛围的程度也不尽相同，满足了不同人群的需求，在文化与商业之间实现了某种意义上的平衡。

设计充分迎合了"大都市，中心区"的定位。这里的空间体验会让大家产生作为澳大利亚人的归属感。形态、图案、造型等都别具澳洲风情——从澳洲土著民族乌伦杰瑞族（Wurundjeri）的传统文化，到来自非洲、亚洲和中东等地移民的生活习惯，共同铸就了如今澳大利亚生活方式的熔炉。铺装、墙面、台阶、座椅、植栽等设计元素都经过精心的设计，带你踏上"发现之旅"，你会看到很多元素都影射了这片土地的文化，包括丹顿农最早成为聚居地的历史、近年来在建筑形式上的变化以及外来文化带来的多元化影响。

本案为丹顿农市中心区以树木打造独特的公共景观环境开创了契机。广场上预留了植树空间，预想的蓝图是种植气势恢宏的高大树木，与众不同，打造地标式的公共环境，树立"活的纪念碑"，营造市民的归属感和荣誉感。

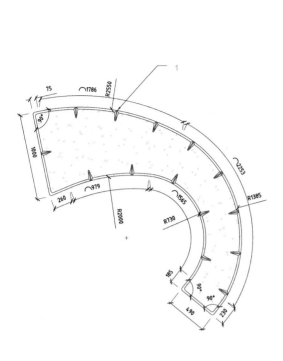

I 型玻璃纤维增强水泥座椅平面图
（比例尺：1:20）　　　　　　　　　1:20

1. 边缘处理采用不锈钢；间距最大 500 毫米

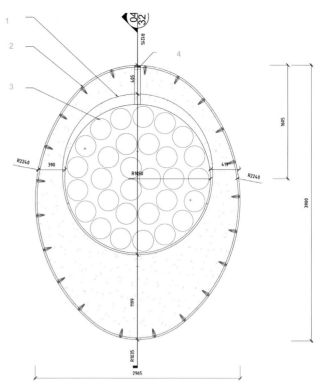

II 型玻璃纤维增强水泥座椅平面图
（比例尺：1:20）　　　　　　　　　1:20

1. II 型座椅 30% 带扶手
2. 边缘处理采用不锈钢；间距最大 500 毫米
3. 植物栽种在可移动花盆里（尺寸：300 毫米）
4. 安装不锈钢扶手

1. 色彩多而不乱，繁而不杂
2. 座椅可灵活摆放，满足不同需求
3. 舞台与大屏幕效果图。夏季备有 19 个遮阳篷
4. 铺装效果

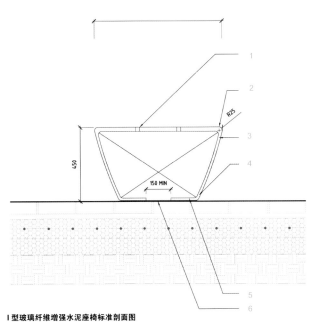

I 型玻璃纤维增强水泥座椅标准剖面图
（比例尺：1:10）

1:10

1. 一边带锚栓孔，可用吊车吊起，方便运输
2. 边缘处理采用不锈钢；间距最大 500 毫米
3. 15 毫米厚玻璃纤维增强水泥外壳（负载能力的计算经过生产厂家同意）
4. 排水孔（经过监管部门同意）
5. 内侧边缘折下
6. 座椅用胶黏剂固定在铺装地面上

1. 一边带锚栓孔，可用吊车吊起，方便运输
2. 植物栽种在可移动花盆里（尺寸：300 毫米）
3. II 型座椅 30% 带扶手
4. 配件与喷漆钢表面之间用黑色橡皮垫圈
5. 安装不锈钢扶手
6. 座椅上的裸露配件，中间用黑色橡皮垫圈
7. 15 毫米厚玻璃纤维增强水泥外壳（负载能力的计算经过生产厂家同意）
8. 排水孔（经过监管部门同意）
9. 内侧边缘折下
10. 座椅用胶黏剂固定在铺装地面上
11. 钢板固定在预浇制座椅上
12. 灌溉与排水设计

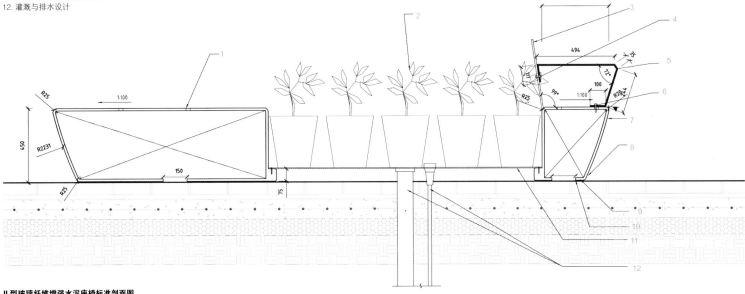

II 型玻璃纤维增强水泥座椅标准剖面图
（比例尺：1:10）

2014年德国联邦州园博会维斯高景观公园

景观设计： 戴水道设计公司
项目地点： 德国，巴符州，施瓦本格明德市

色彩配置
生态花园主题观赏区及周边的乡村花园区采用各种颜色的花形成环形的图案吸引游客。

总平面图

项目名称：
2014年德国联邦州园博会维斯高景观公园
设计时间：
2010～2013年
施工时间：
2012～2014年
项目类型：
园区规划设计、景观与生态水环境工程设计
委托客户：
德国施瓦本格明德市2014年园博会有限公司
面积：
15公顷
摄影：
图片由戴水道设计公司提供

　　德 国 联 邦 州 园 博 会
（Landesgartenschau）是德国二战后为重建家园，改善生活、环境、气候而建立的大型盛会。德国各联邦州每两年选出一座城市，通过园博会的方式来带动区域社会环境与经济的发展。2014 年联邦州园博会在德国巴符州施瓦本格明德市举行。本案的设计区域是 15 公顷的两个不同区位的生态花园主题观赏区及周边的乡村花园区，名为维斯高景观公园（Wetzgau）。

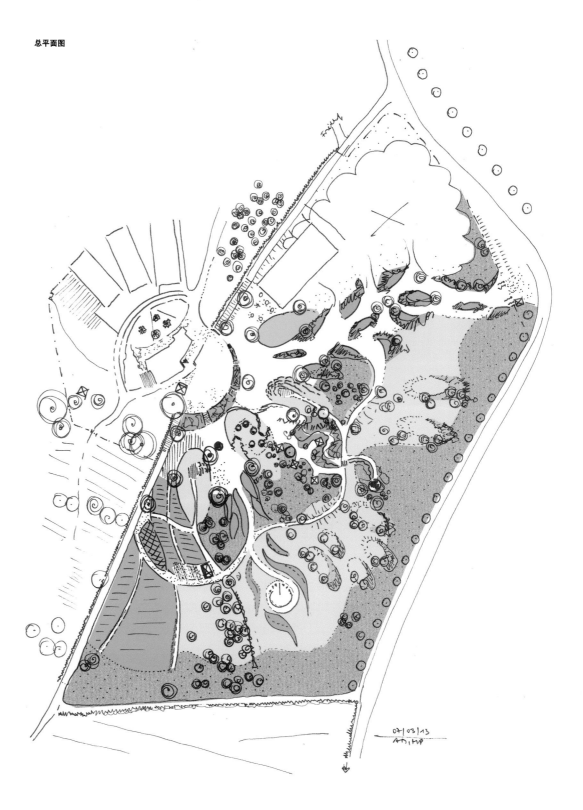

1. 公园全景
2. 休闲区
3. 维雷德体验园

德国戴水道设计公司（Atelier Dreiseitl）负责对园区进行永久性整体功能规划设计，并对其做景观与生态水环境的整合设计，另外还包括鸽谷溪的河道修复设计。

公园的核心区域是"维雷德体验园"（Weleda 维雷德是欧洲知名的草本研发生产应用品牌）。结合游园设计，游客在体验园游乐的过程中能了解植物种植、研究、精华萃取以及用于制药、护肤品与食品的整个过程。在肺疾康复中心里，游客可以体验花园植物在观赏作用之外的食用功能，尝试它们的味道和气味等。亲水乐园中的戏水设计吸引小孩玩耍，并从中感知水的特性，周边设立的生态净化群落将乐园中的水净化循环，以保证水质。整套系统的水源来自周边收集的雨水。

效果图

剖面图

剖面图
1. 干砌石墙
2. 广场
3. 步道（混凝土现场浇筑，刷面处理）
4. 木筏池塘
5. 天然石材铺装（接缝处植草）
6. 天然石材踏步
7. 地下砾石存储

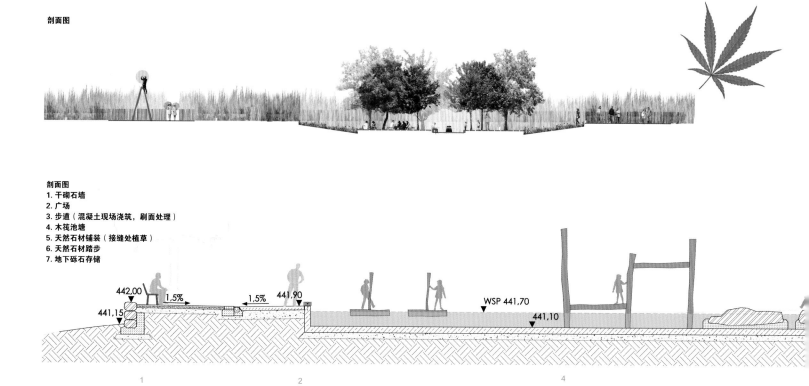

剖面图
1. 溢流
2. 天然池塘
3. 水中过滤
4. 天然石材铺装
5. 地下砾石存储

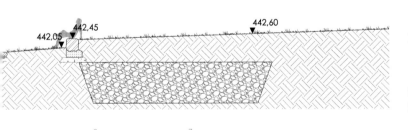

整个项目通过对自然环境有序的展示，体现了现代城市发展对自然的尊重及对社会生态意识的培养责任。

种植设计应该植根于景观规划，运用植物材料，形成人与自然的共存、共荣和持续发展，并体现鲜明的场所性和强烈的特征感，成为城市中具有环境独特性和舒适性的亲切空间。

德国园博会植物设计不仅是具有药用价值并且观赏重点随区位变化而呈现出场地不同的种植形态，因不同植物的颜色和开花季节的变化产生一年四季的变化。同时，织锦般花境丰富场地色彩层次感，强化四季景观特征。注重本地植物的应用，强调植物的生态性与观赏性的融合。

1. 孩子们在木筏上嬉戏
2. 小径
3~5. 戏水区

马克斯·谭宁邦康复花园

景观设计： JRS 景观设计工作室
项目地点： 加拿大，多伦多

1. 紫色玻璃花
2. 黄色玻璃花
3. 橙色玻璃花

色彩配置

这是一篇用色彩写就的诗歌——粉色是悲悯，紫色是力量，红色是勇气，橙色是高贵，黄色是坚毅，绿色是好运，蓝色是感激。

色彩配置

项目名称：
马克斯·谭宁邦康复花园
竣工时间：
2014年11月
休闲大厅翻新/扩建：
NORR建筑事务所（NORR
Architects）
玻璃顾问：
艺术+技术工作室（ArtTech
Studios）
金属模件加工（镂空板、花杆、平台）：
MFI公司
JRS景观设计团队：
珍妮特·罗森伯格（Janet
Rosenberg）、格伦·赫尔曼
（Glenn Herman）、斯特凡诺·詹尼尼（Stefano Giannini，项目
经理）、托德·道格拉斯（Todd
Douglas，项目助理）
面积：
390平方米
摄影：
马克斯·谭宁邦康复花园

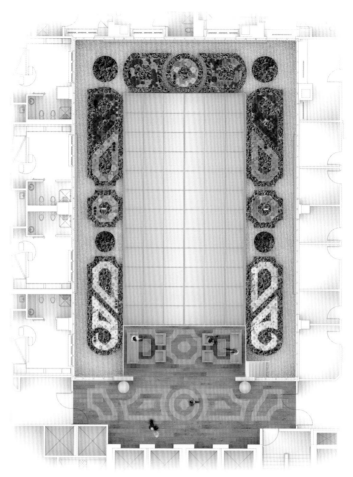

总平面图

摘要

　　马克斯·谭宁邦康复花园（Max
Tanenbaum Healing Garden）位
于多伦多玛嘉烈医院癌症治疗中
心（Princess Margaret Cancer
Centre），由加拿大JRS景观设
计工作室（Janet Rosenberg &
Studio）操刀。设计全部采用人工
材料，但在形态上又无限贴近大自
然。玻璃花采用手工吹制的玻璃为
材料，色彩缤纷，造型各异，与整
齐划一的人造植栽巧妙结合，环绕
着中央的天窗，形成风景如画的屋
顶花园景观。设计理念来自17世纪
法国园林的装饰风格。四周墙面采
用激光切割的绿色镂空金属板，形
态上模拟树篱，进一步凸显了这个
小庭院"空中花园"的感觉。花园
建成后，旁边又修建了休闲大厅，
作为室内空间在户外的延伸。大厅
采用落地式玻璃窗，不影响视野，
并配备了舒适的座椅，供患者、家
属以及医护人员使用。花园以丰富
的色彩和贴近自然的形态象征了康
复与希望。

1. 花园全景鸟瞰
2. 红色玻璃花
3. 紫色和蓝色玻璃花
4. 红色和橙色玻璃花

概述

JRS 工作室在景观装置艺术的设计上可谓经验丰富，曾涉猎过各种主题，也探索了不同材料的应用。他们不仅通过景观来展现独特的创意、高超的品质以及材料的创新运用，更通过康复花园的设计实现了人工与自然的完美结合。作为医疗环境中的康复花园，设计必须满足患者、家属、医护人员以及访客的使用需求，包括心理需求与社交需求，跟私人环境的景观设计要求一样。北部景观尤其要考虑到冬季的情况，这可能是设计中最大的难题。冬季的景观，色彩上主要依靠落叶乔木的深色树干，形态上依靠常绿阔叶树和松柏。不过，即使是在大雪中，番红花属的某些植物仍能开出艳丽的花朵，展现生命内在的顽强。多伦多的 HtO 海滩则采用了黄色遮阳伞，装点一片白茫茫的冬日景观，看起来就像来自异域的花卉或者夏日纪念品。这座康复花园，在色彩和造型上做到了自然、美观、丰富，而终极目标只有一个——舒适。此外，设计也传达了 JRS 工作室对于屋顶露台景观设计的理念，包括承重、照明以及各种设计元素的应用。

花朵

玻璃花的设计是本案的亮点，设计将花朵视为大自然韵律的象征，也是我们身处寒冷冬日里的一丝温暖。JRS 工作室并没有像伦勃朗（Rembrandt Harmenszoon van Rijn）或者雷东（Odilon Redon）那样在他们的绘画中以凋谢的花朵来表现忧郁的艺术。在本案中，玻璃设计顾问让·万利斯－克雷格（Jenn Wanless-Craig）"发明"了一种特殊的花——两茎、三片花瓣、三穗、单叶，四季常新，充满生机与希望。设计中又衍生出不同的种类，借鉴了西方文化中花卉的传统寓意：玫瑰代表爱情，百合代表纯洁，向日葵代表奉献。每一种需要不同的制作过程，最后全都安装在一根长长的不锈钢花杆上，花杆高出法式

花园鸟瞰效果图

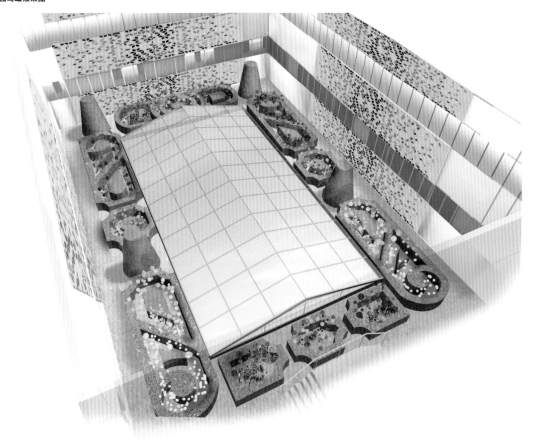

视平线效果图

花坛约 0.6 米。设计的关键是色彩，色彩的选择借鉴了维多利亚时期花卉的象征意义。相同色调的花朵聚在一起，视觉效果上更有冲击力。这是一篇用色彩写就的诗歌——粉色是悲悯，紫色是力量，红色是勇气，橙色是高贵，黄色是坚毅，绿色是好运，蓝色是感激。夜里，点点灯光亮起，仿佛夜空中的星辰，抚慰人心而不招摇。

患者家属很快发现为他们所爱的人捐赠一朵玻璃花是多么幸福的感觉。也可以捐赠给医护人员，以此表达谢意，或者是在退休或者周年时作为纪念。通过这样的方式实现了公众参与，让花园景观随着时间的累积逐渐壮大。通过玛嘉烈医院癌症基金会（PMCF）捐赠的花朵将服务于"终生抗症"的光荣使命。

庭院

庭院是为患者、家属以及医护人员设计的休闲空间，不仅有益于患者康复，也受到医护人员的欢迎。每三名接受化疗的病人中约有两人表示他们的感官知觉发生了变化。尤其是味觉和嗅觉异常的患者，特别喜爱这个庭院，因为他们深受饮食摄入量减少以及厌食导致的营养不良的困扰。20% 的癌症患者死于营养不良，而不是恶性肿瘤。倡导康复花园的先驱罗杰·乌尔里克（Roger Ulrich）发明了景观环境的"被动式治愈"，满足了广大病患的不同需求。花园无疑能够促进康复，因为我们已经认识到，人类在大自然中会感到心驰神往和身心的抚慰。有个术语叫做"亲生命性"，或者"生物恋"（Biophilia），意思就是对生命或生物的热爱。也许，发生了病变的感官知觉需要的是比现实世界中更美好的大自然的景象，或者叫做"超自然"，而这座康复园正是如此——玻璃花四季常新。有了康复花园带来的视觉刺激，帮助癌症患者修复味觉和嗅觉感官畸变的治疗必然会更见成效。美国植物学家、园艺家卢瑟·伯班克（Luther Burbank）培育了800多种植物变种，

花卉含义

紫色、蓝色——紫苑——力量、健康

红色——山龙眼——勇气

黄色——大戟——坚毅

绿色——好运

粉色——石南——孤独

橙色——大丽花——高贵

白色、乳白——山茱萸——希望

他曾说："花总是会让人感觉更好、更幸福、更有希望；对于灵魂来说，花是阳光，是滋养，是药方。"在这座花园施工期间，很多患者从病房窗口眺望施工现场，向施工人员竖起大拇指。它不只为医院里的每个人提供了私密的休闲场所，更能通过有效的症状缓解、缓和压力、增进幸福感来促进患者的康复。

空中花园

玛嘉烈医院癌症治疗中心是世界抗癌运动中的一支领军力量，为每位患者提供个性化的医疗指导。中心有 12 个综合门诊和 26 家专科诊所，医护人员近 3000 人，每年接待病患 40 万人次。医院建筑面积 74,000 平方米，有 130 个住院床位，科研空间面积约 35,000 平方米，有 17 部放射治疗仪。强大的资源配备使其成为世界上最大的综合性癌症治疗机构之一，也是加拿大最大的放射治疗中心。

康复花园位于 14 层，从北侧的电梯门厅里就能看到。庭院面积约 227 平方米，位于中央，周围三面都是病房，从房中就能观赏庭院的风景。庭院上下通透，上方直接与 16 层相连，下方通过中央的天窗与楼下衔接。整个花园也是围绕着中央天窗布局。楼顶面临严格的承重限制，而且没有水，所以只为养护工作预留了少量通道。因此，设计采用了约 0.6 米高的人造花圃，外围采用金属框架，显得整齐划一。现在这种形式的人造植栽以其简单轻便、易于安装的优势在园林设计中愈发流行。人造花圃采用防火材料，并且抗紫外线照射。庭院施工结束后，这种人造花圃在旁边的休闲大厅里也得到应用，安装在木地板中。

庭院周围的墙面采用镂空金属板，进一步凸显了"空中花园"的感觉。这是一座名副其实的空中花园——天窗的反光、闪亮的花朵，再加上星星点点的照明，显得飘逸脱俗。金属板上的镂空图案模拟树篱的形态，与人造花圃相得益彰。这一设计不仅借鉴了安德鲁·勒诺特尔（André Le Nôtre）的园林景观，而且有着西雅图的布洛德自然保护区（Bloedel Reserve）里面里奇·哈格（Rich Haag）设计的"静思园"（Reflection Garden）的风骨。后者以紫杉为墙，绿草为毯，环绕着中央的矩形泳池，水面如镜，天地合一。

结语

本案的设计旨在利用景观的形态之美再现大自然的精髓。设计简约大气，应用的也都是最普通的材料。整个环境充满生机，仿佛蕴含着大自然的四季变化和每日的循环更替。通过建立玻璃花的捐赠制度，激发了公众的参与感。捐赠一朵玻璃花象征了鼓励、感激与回报，让患者和医护人员关系更紧密。这样，花园也变得更有意义，成为希望的象征，鲜艳的色彩和自然的形态令人心旷神怡。

JRS 工作室在设计之初就定下了设计的核心理念：景观装置艺术对主题和材料的探索不只囿于景观环境的营造，更要注重"康复"的功能。这座康复花园，以花朵象征新生，从广义上实现了上述目标。玛莎·舒瓦茨（Martha Schwartz）1986 年设计的"拼接花园"（Splice Garden）提醒了我们拼接手法的危险，而本案却注定掀起康复花园设计的革命，如同医学界利用病人自身的造血干细胞使其重获新生的革命一样。

西武池袋总店屋顶花园

景观设计：大地景观事务所
项目地点：日本，东京，里岛区

色彩配置
地面铺装采用蓝色瓷砖，色调深浅不一。灯光可以变换色彩，从冷峻的浅蓝色变成温暖的粉红色，赋予空间不一样的氛围。

项目背景

　　本案是西武池袋（Seibu Ikebukuro）百货商店总店的屋顶花园景观，毗邻池袋火车站。屋顶面积约 5,800 平方米，上面是户外餐厅和酒吧。景观设计由日本大地景观事务所（Earthscape）负责。

设计理念

　　设计灵感来自 19 世纪法国印象派大师莫奈的绘画，旨在营造出梦幻般的田园景观，使人在自然的环境中完全放松，在东京这样的繁华都市中体验四季的变化。景观设计中主要用到两个水景，一个是圆形浅池，另一个是天然池塘。

总平面图

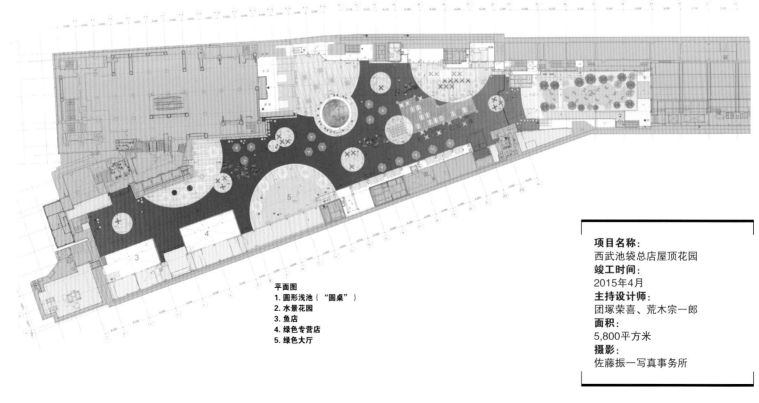

平面图
1. 圆形浅池（"圆桌"）
2. 水景花园
3. 鱼店
4. 绿色专营店
5. 绿色大厅

项目名称：
西武池袋总店屋顶花园
竣工时间：
2015年4月
主持设计师：
团塚荣喜、荒木宗一郎
面积：
5,800平方米
摄影：
佐藤振一写真事务所

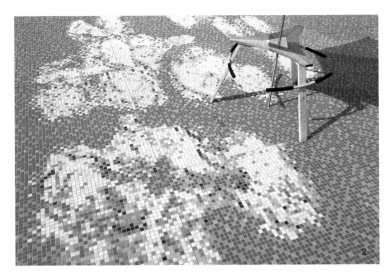

圆形浅池是屋顶花园中的核心景观，相当于一个大圆桌，人们可以在桌边休闲、吃喝。地面铺装采用蓝色瓷砖，色调深浅不一，影射了莫奈绘画中的笔触。浅池中种植百合，使人感觉仿佛身处户外大自然中。池边的木板平台上设置了各种桌椅，供用餐使用。此外还有遮阳伞，白天遮挡阳光，夜晚用于照明。

天然池塘显然并不真是纯天然的，而是人工打造，位于屋顶北部，再现了大自然的风韵，是偏爱隐秘的自然环境的客人之首选。

设计详述

"硬景观"与照明：地面铺装用到两种材料，一种是木板，另一种是深浅错落的蓝色瓷砖，两者完美融入了屋顶的景观环境。照明灯嵌入环形平台中。夜晚，在照明效果的烘托下，原本简单的花园景观显得别有洞天。灯光还能变换色彩，从冷峻的浅蓝色变成温暖的粉红色，赋予空间不一样的氛围，带给我们不一样的环境体验，让屋顶环境更具魅力。

1. 全景视角
2. 不同色调的蓝色马赛克地砖
3. 浅水池中央种植荷花
4. 特色花架

1. 花园北侧是池塘
2. 绿墙上的标识
3. 餐厅和酒吧旁边就是绿墙
4. 荷花池上一座小桥，风景别致

5. 平台嵌入乳白色的照明
6. 餐厅和酒吧夜景
7. 面向绿墙的餐饮区
8. 粉色灯光营造出温暖的氛围

"软景观"：屋顶花园里的"软景观"主要指垂直绿墙，上面种植了各种植物，赋予墙面丰富的质感和层次。

结语

西武池袋总店屋顶花园已经成为这个街区象征性的符号，当地的新地标。屋顶上适合举办各种活动，人们可以尽情领略四季的不同景致。

色彩配置

花园的景观设计体现出热带风情, 除了造型和尺度的对比之外, 设计还利用了暖色和冷色的对比反差效果。

努撒加雅度假休闲农庄酒店现代热带花园

景观设计：MCL 景观事务所
项目地点：马来西亚，柔佛

度假休闲农庄酒店（Leisure Farm Resort, Nusajaya）位于马来西亚南部柔佛州西南端的努撒加雅市，当地是典型的热带气候，全年高温高湿。其现代热带花园由马来西亚 MCL 景观事务所（MCL Garden & Landscape Design）设计。酒店要求设计三个主题不同的花园区。

第一个也是最重要的区域种植了黑橄榄树，利用斑驳的树影，在热带国家却营造出秋季的感觉，也成为这座花园的核心景观。黑橄榄树的树干看上去有一种枯萎的感觉，更凸显了秋季的凋零感。树干设有照明灯。夜晚，灯光从树干的孔洞或裂缝中射出来，在一片黑暗中营造出独特的照明效果，别有一番意境。

酒店方希望楼后的景观体现出热带风情，植物要容易养护，生命周期要长一些。为此，设计选用了狐尾棕榈。此外，还用到装饰性的花盆和水景，进一步凸显了热带度假酒店的氛围。

除了造型和尺度的对比之外，设计还利用了暖色和冷色的对比反差效果。比如，黑橄榄树浅黄或者浅绿色的树叶与下面堆积的五彩斑斓的鹅卵石形成色彩对照；橙色的鹅卵石与白色的鹅卵石形成对照；橙色的赫蕉花与"凋零"的树干形成对照；红色的龙船花与绿绿的草坪形成对照；红色的锦紫苏与绿色的盆景形成对照；等等。

泳池边有木板平台和遮篷，营造出舒适的休闲环境，非常适合全家户外用餐、读书或散步。内院设有水景，缓缓的流水声让环境更显幽谧，让度假的客人油然产生安静平和的心境。

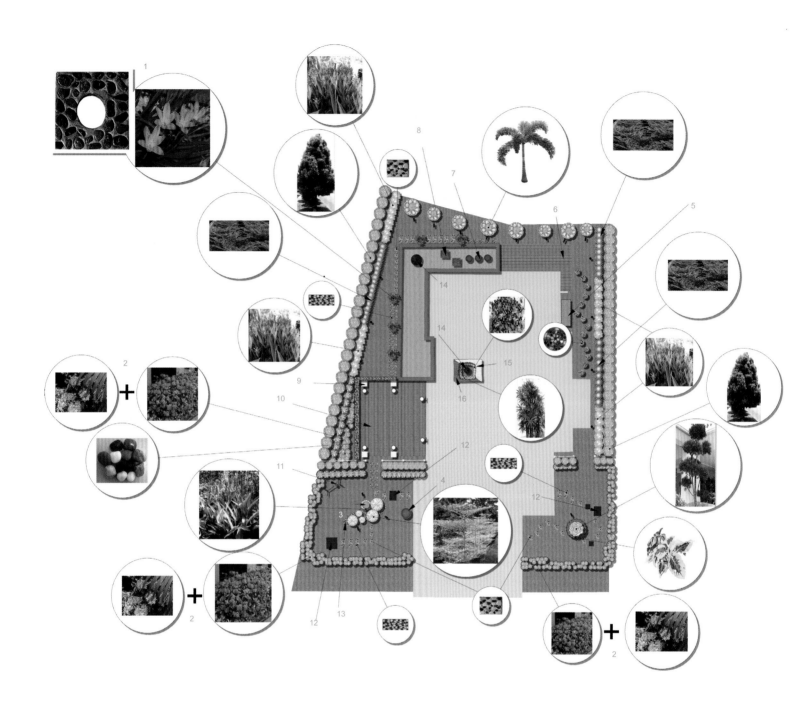

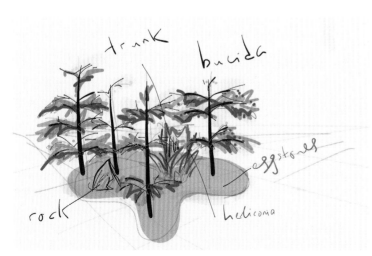

平面图
1. 踏步石中间的粉色花卉
2. 橙色与红色混合
3. 树干
4. 花盆
5. 园艺工具储存区
6. 原有木板平台
7. 三个小花盆
8. 原有踏步石
9. 带灯的柱子
10. 樟脑木木板平台
11. 秋千
12. 原有检修孔
13. 卵石
14. 水景
15. 白色卵石
16. 黑色卵石

项目名称:
努撒加雅度假休闲农庄酒店现代热带花园
竣工时间:
2014年9月
主持设计师:
吴南森（Nathan Ngoh）、马马克（Mark Mah）
面积:
240平方米
摄影:
马马克

1、2.黑橄榄树搭配彩色卵石
3.陶罐喷泉
4.特色树木

色彩配置

该项目中自由流淌的色彩与从韦基奥绘画中提取的放大的细节相结合，二者相得益彰。

帕尔马·伊尔·韦基奥展览户外景观

景观设计：芬克设计工作室
项目地点：意大利，贝加莫

　　本案是意大利贝加莫现当代美术馆（Galleria d'Arte Moderna e Contemporanea di Bergamo）户外空间的改造，由芬克设计工作室（Studio Fink）操刀，旨在配合在贝加莫市举行的威尼斯派画家帕尔马·伊尔·韦基奥（Palma il Vecchio）作品首次大型回顾展，为期100天。韦基奥是意大利文艺复兴时期无可争议的天才画家，此次展览得以举办，还仰仗一批世界知名美术馆的大力支持，其中有：伦敦国家美术馆（National Gallery）、马德里提森·波尔内米萨收藏美术馆（Thyssen-Bornemisza Museum）、圣彼得堡冬宫（Hermitage Museum）、维也纳艺术史博物馆（Kunsthistorisches Museum）、德累斯顿收藏美术馆（Gemäldegalerie）、费城美术馆（Philadelphia Museum of Art）和柏林国立美术馆（Staatliche Museen），此外还包括意大利本土的各大美术馆，如佛罗伦萨乌菲兹美术馆（Uffizi）、罗马波格赛美术馆（Galleria Borghese）以及威尼斯美术学院美术馆（Gallerie dell'Accademia）等。

　　项目用地即贝加莫现当代美术馆正前方的混凝土庭院，改造前荒凉萧瑟，毫无美感可言。本案的主持设计师彼得·芬克看到这个情况后，便打算从这次展览的主题着手——"不只为参观，更为生活"，

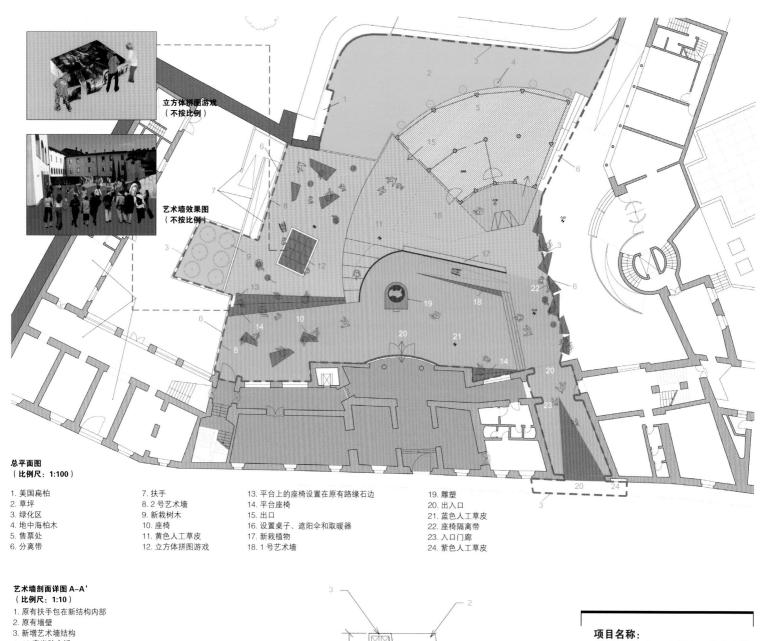

立方体拼图游戏
（不按比例）

艺术墙效果图
（不按比例）

总平面图
（比例尺：1:100）

1. 美国扁柏	7. 扶手	13. 平台上的座椅设置在原有路缘石边	19. 雕塑
2. 草坪	8. 2号艺术墙	14. 平台座椅	20. 出入口
3. 绿化区	9. 新栽树木	15. 出口	21. 蓝色人工草皮
4. 地中海柏木	10. 座椅	16. 设置桌子、遮阳伞和取暖器	22. 座椅隔离带
5. 售票处	11. 黄色人工草皮	17. 新栽植物	23. 入口门廊
6. 分离带	12. 立方体拼图游戏	18. 1号艺术墙	24. 紫色人工草皮

艺术墙剖面详图 A–A'
（比例尺：1:10）

1. 原有扶手包在新结构内部
2. 原有墙壁
3. 新增艺术墙结构
4. 18毫米胶合板
5. 18毫米胶合板，表面印有图案
6. 台阶表面铺设人工草皮
7. 人工草皮
8. 支撑结构

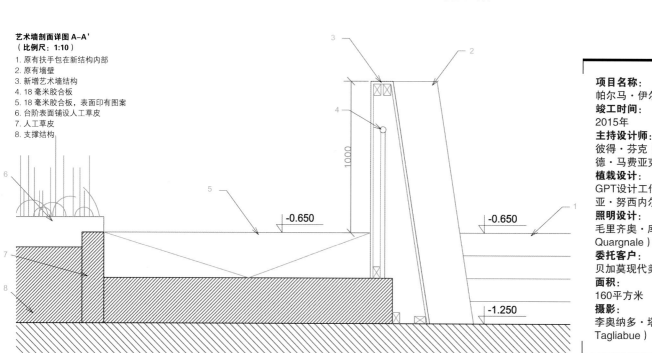

项目名称：
帕尔马·伊尔·韦基奥展览户外景观
竣工时间：
2015年
主持设计师：
彼得·芬克（Peter Fink）、理查
德·马费亚克（Richard Marfiak）
植栽设计：
GPT设计工作室（StudioGPT）/露西
亚·努西内尔（Lucia Nusiner）
照明设计：
毛里齐奥·库阿内尔（Maurizio
Quargnale）
委托客户：
贝加莫现代美术馆
面积：
160平方米
摄影：
李奥纳多·塔利亚布埃（Leonardo
Tagliabue）

着意将其打造为一处令人过目难忘的户外空间，呼应韦基奥在油画中对色彩的大胆运用，让游客在参观前后有个更好的地方去交流或沉思。

在实际设计中，自由流淌的色彩与从韦基奥绘画中提取的放大的细节相结合，二者相得益彰。此外，还有从名为《神圣的对话》的画作中提取的人脸的特写，在景观环境中形成"神圣对话"的神秘寓意。设计师希望以此来提醒参观者，通过他们自己的对话来感受韦基奥的绘画是如何诗意地表现出眼神、故事、怀旧、发现以及当地自然环境的风貌。

1. 座位区
2. 粉色矮墩
3. 人脸特写
4. 花池

色彩配置
项目中植被设计带来四季色彩的明显变化，也让屋顶景观和下方地面景观形成对照。

公共管理
新城

规划 / 景观设计：巴尔莫利景观
事务所
项目地点：韩国，世宗

2007 年，纽约巴尔莫利景观事
务所（Balmori Associates）赢得了
韩国世宗公共管理新城的规划设计
竞赛。世宗是首尔以南约 145 千米
的一个新规划的自治市，这里有 36
个政府部门和事业单位，有公务员
13,000 人。新城规划前，这些部门
都设在首尔及其附近。

一期工程于 2012 年完工，二
期 2013 年，三期于 2014 年 12 月
官方宣布正式竣工，尽管此时世宗
新城仍在建设中，还有些地方没有
栽种植被。

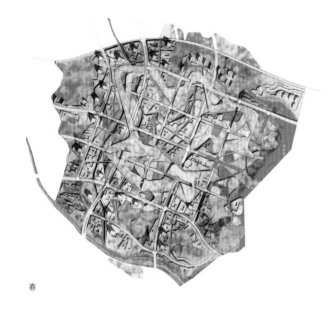

春

夏

秋

冬

四季总平面图

　　世宗新城采用了一种全新的规划理念——从景观着手。行政大楼绵延的屋顶上规划了一座带状公园。行政楼的各个建筑物不是分离的、封闭的结构，而是在地面和屋顶两个层面上都连成一个整体。这种布局方便出入，也让各部门之间有更多交流。屋顶上的带状公园相当于建筑的第五个立面。新城周围有六个市镇，都能俯瞰中央的公园及其下方的建筑。植被设计带来四季色彩的明显变化，也让屋顶景观和下方地面景观形成对照。

项目名称：
公共管理新城
竣工时间：
2014年（三期工程）
建筑设计：
H设计事务所（H Associates）、HAEAHN建筑事务所（Haeahn Architecture）
委托客户：
韩国多功能城市建设行政局
面积：
规划面积2,700,000平方米；屋顶面积278,710平方米
摄影：
埃弗拉因·门德斯（Efrain Mendez）/ archframe.net

剖面图

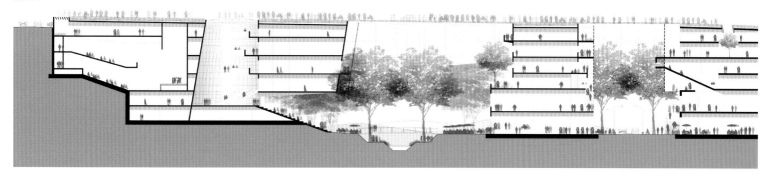

屋顶公园的形状由既定地形与河流来界定，下方是四通八达的道路交通网的中心。

新城的建设为韩国文化理念与信仰的实现带来契机。为体现21世纪的大韩民国精神，巴尔莫利景观事务所提出三大规划策略，分别是：

一、平面城市：平面代表着平等。所有屋顶连成一个整体平面，象征了集体的紧密团结以及韩国人民与政府的民主精神。

二、关联城市：政府与人民之间、城市与自然之间、地面与天空之间建立了实体连接与视觉连接。

1. 通向中央广场的步道
2. 屋顶上的带状公园

色彩设计

三、零污染城市：新城的开发建立在"零污染"原则上。所有排放的污染物可以作为资源进行再利用。

1、2.屋顶上的带状公园
3.屋顶花园

巴尔莫利事务所在最初提交的设计方案中还建议将公园下方建筑物的立面上色，所用材料和图案要与政府机构的特点相符。

色彩配置

色彩主要体现在地面铺装上。地砖突出了色彩的变化和强度，搭配木质座椅和绿色草坪，相得益彰。

拉特罗布分子科学研究所

景观设计：RWA 景观事务所
项目地点：澳大利亚，墨尔本

项目概述

　　拉特罗布分子科学研究所
（La Trobe Institute for Molecular
Science，简称 LIMS）位于拉特
罗布大学邦多拉校区（LaTrobe
University Bundoora Campus）中
心，为学校科研和教学提供了世界
一流的环境和设施。户外景观设计
由墨尔本 RWA 景观事务所（Rush\
Wright Associates）操刀，通过营
造多样化的户外空间，大大丰富了
环境的景观体验，让学生可以在户
外更加舒适地活动，举行大型聚会，
或者课间休闲。

　　首先，关于大楼周围道路的布
置，设计就面临了很多要求。设计
没有用铺装类型或者边缘来界定道
路。该校"校园专用地砖"的使用
让这里融入了整个学校的道路网。
此外，北侧的铺装还利用了色彩和
图案，小范围内呈现出地面精致的
细节，凸显了此地步行区的专属功
能。

项目名称:
拉特罗布分子科学研究所
竣工时间:
2013年
面积:
5,400平方米
摄影:
戴安娜·斯内普（Dianna Snape）、克里斯·厄斯金（Chris Erskine）、迈克尔·怀特（Michael Wright）

景观设计中用到的造型都是从研究所大楼强烈的几何感中得来，同时也呼应了外立面的大胆用色。景观小品、色彩和造型的巧妙运用，以及地面铺装质朴的色调，都让这一空间与整个校园实现了完美对接，后者的特点是宽敞的开放式空间和本地原生植物构成的"原始林地"。

1. 景观营造校园生活
2. 特色照明让建筑在夜幕下熠熠生辉

平面图

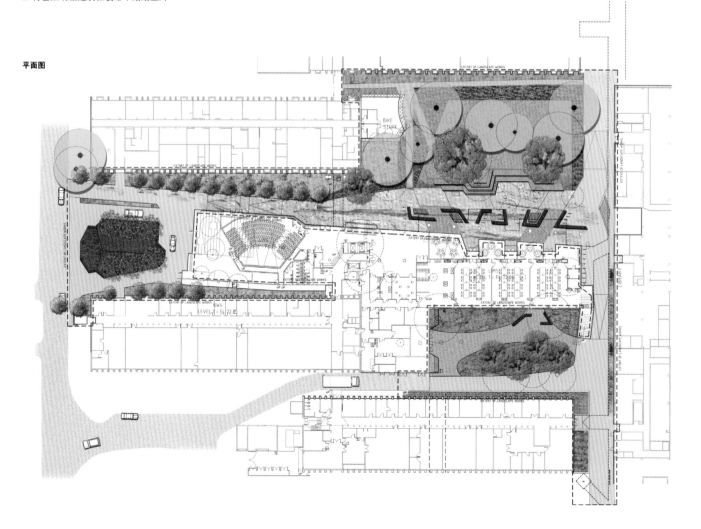

设计中使用的材料很简单，比如混凝土、木材、人造草皮等，植栽也使用本地原生植物，但是设计手法却颇为独特，确保了景观环境易于施工和维护。绿油油的草皮、美丽的原生植物以及景观小品温暖的色调和丰富的质感，与这片校园独有的地面铺装相得益彰，形成了独特而有趣的校园景观形象，提升了整个校园环境的品质，丰富了学生日常的环境体验。

设计要素

一、设计探索了景观规划对社会交往活动的影响，营造了多样化的户外空间，并灵活布置了各式座椅。

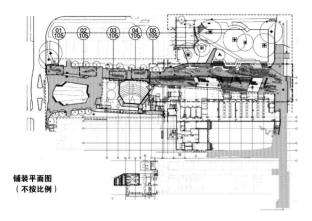

铺装平面图
（不按比例）

铺装说明

01 型黏土砖
尺寸：230×114×50 毫米
颜色：AUSTRAL 地砖香草色

02 型黏土砖
尺寸：230×114×50 毫米
颜色：AUSTRAL 地砖烟色

03 型黏土砖
尺寸：230×114×50 毫米
颜色：AUSTRAL 地砖焦糖色

04 型黏土砖
尺寸：230×114×50 毫米
颜色：AUSTRAL 地砖榛子色

05 型黏土砖
尺寸：230×114×50 毫米
颜色：AUSTRAL 地砖红色

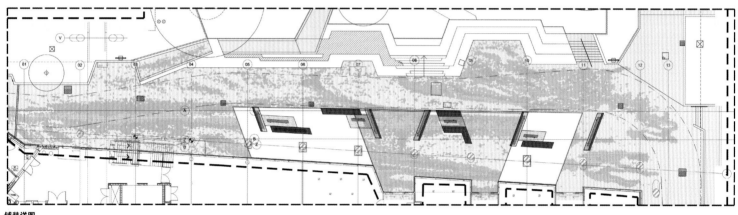

铺装详图
（比例尺：1:100）

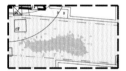

铺装详图 01
（比例尺：1:100）

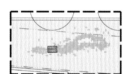

铺装详图 02
（比例尺：1:100）

铺装详图 03
（比例尺：1:100）

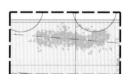

铺装详图 04
（比例尺：1:100）

二、使用该校专属的地砖，并且以一种全新的拼接方式来呈现，让这里成功融入了整个校园的步道交通网，实现了校园整体规划中限制色彩和材料运用以塑造统一的校园环境形象的目标。

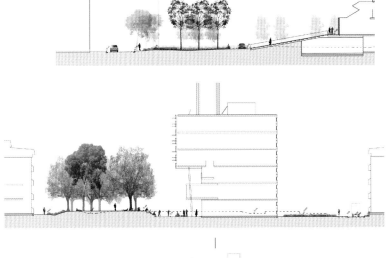

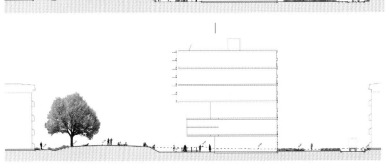

1.交通动线：设计重点放在行人交通的方便性上。采用小范围的精致铺装，路面齐平，不设路缘
2.地面铺装：采用分段铺装，好处是：其中任何部分可以随意更换，不会影响整体的铺装图案或颜色。
3~5.设计已投入使用

色彩配置

选择了各种颜色的家具和植物，看上去就像用各色油彩在帆布上绘出的一幅明艳的油画，充满质感和情调。

逸居

景观设计：BLT 景观设计公司
项目地点：新西兰

　　"逸居"（Living Art）是由新西兰 BLT 景观设计公司（Bayley LuuTomes）打造的庭院景观，设计主旨是将室内空间搬到户外来。小院只有 25 平方米，设计的难点是如何在有限的空间内尽量满足更多的户外休闲需求。

　　设计将庭院拆分为几个不同的功能区。定制的户外家具，不用时可以收起，让空间的利用更加灵活。带遮篷的长椅是日常休闲的好地方，可以看书，也可以和爱人浪漫地进餐。晚上，这里是星空下的露台剧场，是酒吧，也是开放式草坪。

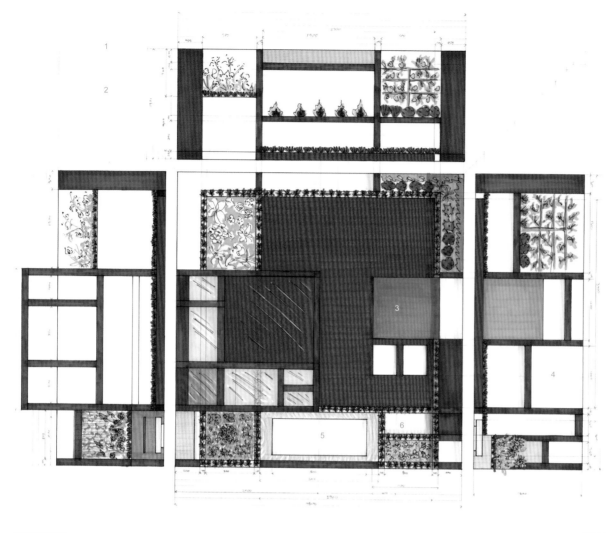

平面图
1. 壁炉窗口视角
2. 雨水收集池
3. 户外餐桌 / 吧台
4. 户外电视
5. 玻璃地砖
6. 花池

平面布局透视图
1. 彩色玻璃藤架，配有户外照明。白天，藤架能避免阳光直射到下方的白色表面上引起眩光。夜晚，玻璃的部分
进行照明，满足休闲活动的需求
2. 滑动桌椅
3. 户外壁炉，窗口的设计不阻挡视线
4. 彩色玻璃，配有背光照明
5. 户外折叠式餐桌 / 吧台
6. 户外电视
7. 玻璃板之间有水流动，配有夜间照明
8. 玻璃地砖，下面有水流动，水下有照明，用以凸显这一设计特色，同时起到引导的作用

项目名称：
逸居
竣工时间：
2013年3月
面积：
25平方米
摄影：
大卫·辛吉斯（David Higgins）

植物的选择主要考虑到庭院的环境条件限制. 浅表栽种，阳光直射，半裸露。植物根据颜色分别栽种，看上去就像用各色油彩在帆布上绘出的一幅明艳的油画，充满质感和情调。

从屋顶上收集的雨水引入庭院边缘，灌溉那里种植的沿阶草。草坪相当于天然的排水层，雨水渗透过特殊的土壤层，能带走各种污染物，避免其进入排水系统。

照明设计兼顾了功能性与美观性。庭院内各处精心布置了照明灯，每盏灯各有不同的用途，有的是为了展示植物，有的是为了凸显设计亮点，有的是为了营造轻松休闲的氛围，有的是为了步道照明。

1. 定制彩色玻璃藤架和固定座椅
2. 定制座椅采用可回收材料制成
3. 低维护性草坪是读书的好地方
4. 逸居夜景
5. 夜晚适合举行聚会活动，可以聚餐或者看夜场电影

色彩配置

根据季节汇集了色彩斑斓的花卉和特殊品种的植物，营造出具有艺术美感的园艺装饰效果，让游客体验园艺的跃动之美。

巴拿山山地度假村爱情花园

景观设计：TA景观事务所

项目地点：越南，岘港

1. 激情天堂
2. 心之园

一、项目概述

1. 地理位置

项目用地海拔 1437 米，气候多变，一日之内便可体验四季。太阳集团意在打造一片天堂般的度假休闲胜地。巴拿山山地度假村（Ba Na Hills Mountain Resort）从前是法国殖民地，悠久的历史文化使其选择了一个十分浪漫的景观主题——"爱情花园"（Le Jardin d'Amour）。

2. 周围环境

项目用地是巴拿山山地度假村原来的休闲区。休闲区内有一座德贝酒窖（Debay），历史悠久，始建于 1923 年。此外还有度假村的功能性建筑和设施，如玫瑰酒店（Rose Hotel）、兰花酒店（Orchids Hotel）、杜梅餐厅（Doumer）、网球场等，全都已经年久失修。在度假村的总体规划中，这片休闲区是度假村休闲娱乐的核心，曾经吸引了众多游客。因此，休闲区的环境亟需翻新升级。尤其值得一提的是，项目用地上已经开始修建缆车车站，缆车每小时能运载游客1600 人，必将带动休闲区的观光发展。

心之园剖面图 A–A
（比例尺：1/150）

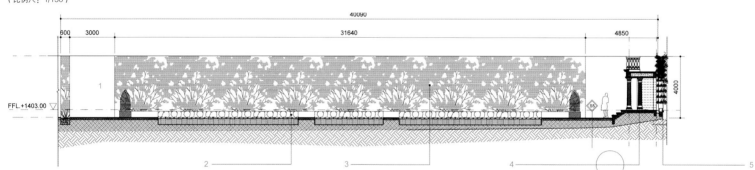

心之园剖面图 B–B
（比例尺：1/100）

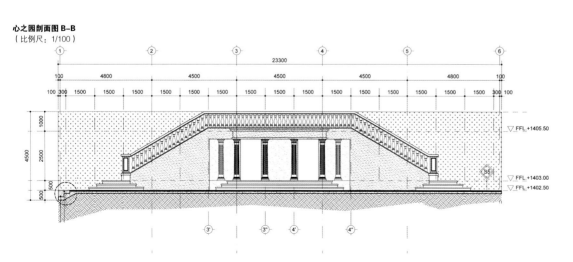

1. 步道
2. 树木（修剪为 300 毫米高）
3. 树墙（修剪为 4000 毫米高）
4. 阳台
5. 垂直花园

1~4. 心之园

项目名称:
巴拿山山地度假村爱情花园
竣工时间:
2014年4月
设计团队:
乌闽安（Vu Viet Anh）、彭提艾
瑞（Pham Thi Ai Thuy）等
委托客户:
太阳集团（Sun Group
Corporation）
面积:
7公顷
摄影:
乌闽安、巴拿山山地度假村

二、设计理念

　　TA景观事务所（TA Landscape Architecture）的设计理念是既满足委托客户急于修建一座花园来吸引游客的要求，又要让设计方案与周围环境的既定条件尽量吻合。设计采用历史、自然、人文与经济四大元素有机结合的方式，在设计过程中始终兼顾这四个要素。

三、设计方案

1. 再现法式风情

　　花园的设计选择了法式风格，向这片土地悠久的历史致敬，同时也符合度假村整体的环境风格。在经典法式园林中，对土地、水源、天空以及几何形状都有极致的运用，共同造就舒适美观的景观环境。而在本案中，既有复杂的地形和视野，也有土壤回填面临的限制。因此，爱情花园是一种因地制宜的法式风格，在充分考虑用地周围既定情况的基础上，将经典法式风格进行了改造，为游客营造出多样化的户外空间。设计保留了法式风格的一些经典元素，但是以现代的手法加以表现。这也体现了"花园中的花园"这一设计理念的精髓。

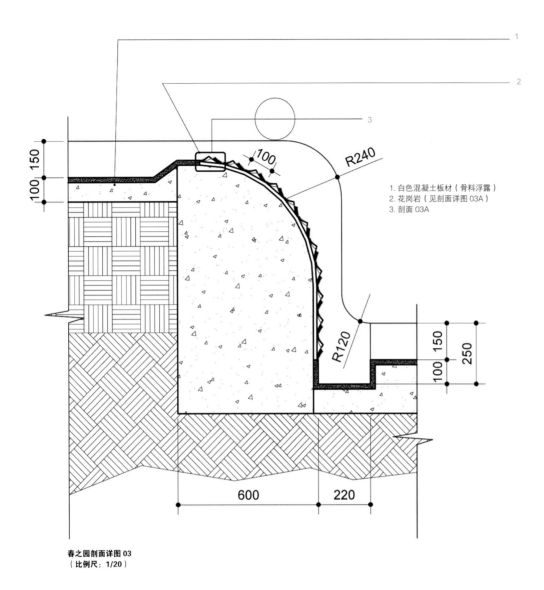

1. 白色混凝土板材（骨料浮露）
2. 花岗岩（见剖面详图 03A）
3. 剖面 03A

春之园剖面详图 03
（比例尺：1/20）

春之园剖面详图 03A
（比例尺：1/5）

2. 多样化——"花园中的花园"

为充分利用地的既定条件、提供多样化的观光活动场所、控制同时同地的游客数量，设计将爱情花园分为十座小花园，并根据各自的用地条件赋予其特色。十座花园分别是：

·春之园：春之园里视野极佳，可以眺望一望无际的美景。园中修建了许多宽大的台阶，台阶之间种植了充满浪漫气息的紫色和黄色花卉。

·伊甸园：在这座花园中，你会看到来自世界各地的许多特殊花卉。通过采用独特的室内调节系统，为每个品种提供理想的温度，确保了各个品种的花卉都能茂盛生长。

·秘密花园：这里有休闲区内最大的矩阵式绿墙。

·心之园：这座花园在设计和风格上最贴近法国的园林。

1、2.春之园

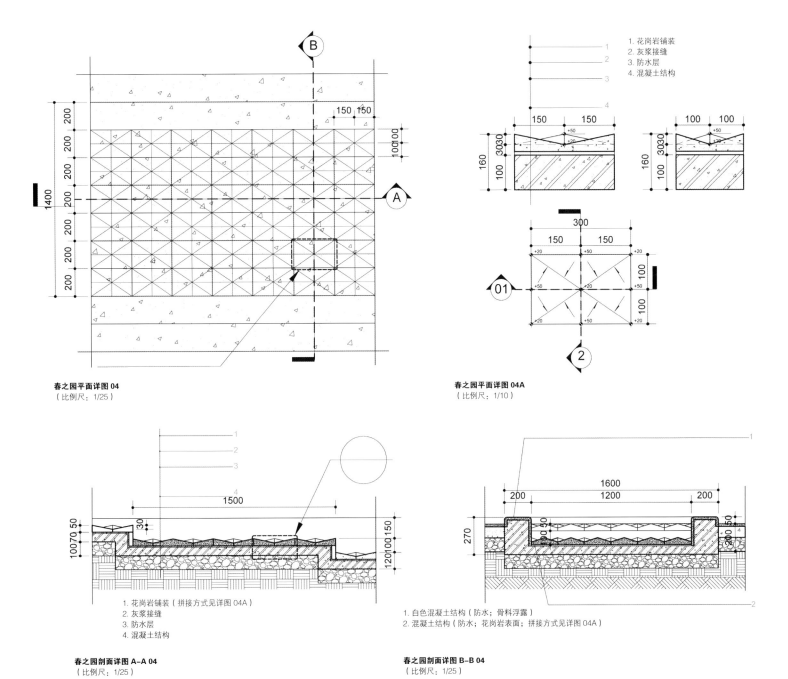

1. 花岗岩铺装
2. 灰浆接缝
3. 防水层
4. 混凝土结构

春之园平面详图 04
（比例尺：1/25）

春之园平面详图 04A
（比例尺：1/10）

1. 花岗岩铺装（拼接方式见详图 04A）
2. 灰浆接缝
3. 防水层
4. 混凝土结构

春之园剖面详图 A–A 04
（比例尺：1/25）

1. 白色混凝土结构（防水；骨料浮露）
2. 混凝土结构（防水；花岗岩表面；拼接方式见详图 04A）

春之园剖面详图 B–B 04
（比例尺：1/25）

·激情天堂: 这座花园跟德贝酒窖一样悠久, 已有 100 多年的历史了。里面的每个细节, 包括树木种植的精确位置, 都严格参照了法国的葡萄庄园。

·心灵花园: 时间的流逝是永恒的, 但是在这片西式风情的园林中, 时间仿佛静止了。

·神话花园: 这里有高大宏伟的立柱, 使人想起奥林匹亚和雅典的希腊诸神。

·记忆花园: 水流与记忆之流相交汇, 两者都流向代表四季的四神。

·圣山: 爱神注视着人间相爱的夫妻盟誓。这里是浪漫的法式风情, 有两个主题——极致和平静, 共同铸就圣山独特的环境风格。

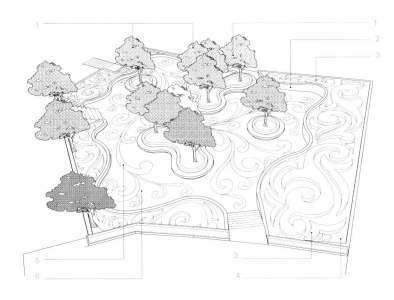

激情天堂整体规划透视图

1. 保留原有植物
2. 混凝土座椅
3. 修剪树木
4. 白色土壤与彩色花卉
5. 地面铺装：深灰色混凝土
6. 灰白色混凝土

1~3. 激情天堂

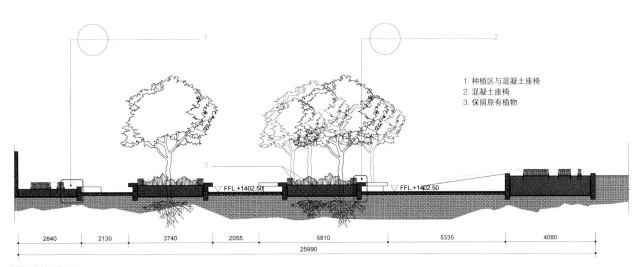

1. 种植区与混凝土座椅
2. 混凝土座椅
3. 保留原有植物

FFL.+1402.50 FFL.+1402.50

| 2840 | 2130 | 3740 | 2055 | 5810 | 5335 | 4080 |

25990

激情天堂剖面图 1-1
（比例尺：1/100）

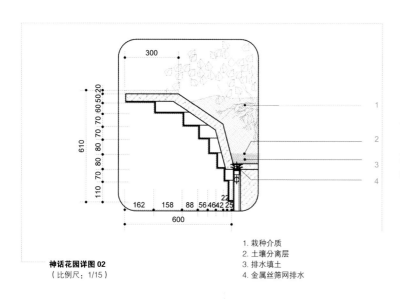

1. 栽种介质
2. 土壤分离层
3. 排水填土
4. 金属丝筛网排水

神话花园详图 02
（比例尺：1/15）

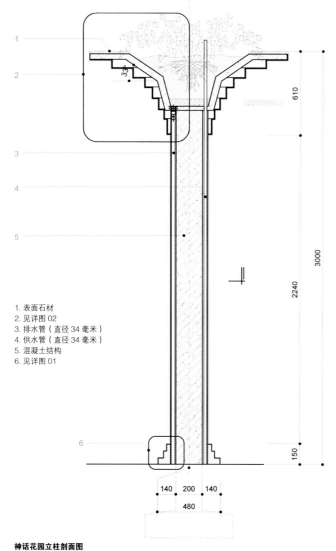

1. 表面石材
2. 见详图 02
3. 排水管（直径 34 毫米）
4. 供水管（直径 34 毫米）
5. 混凝土结构
6. 见详图 01

神话花园立柱剖面图
（比例尺：1/20）

·时间广场：这里是爱情花园的中央核心空间，种植了高大的观赏性树木。游客从这里可以观赏"爱情桥"的景色。

3. 交通动线布置

去到爱情花园有两种路线可供选择：坐缆车或者走台阶，后者会经过灵应寺。原有的一条步道将这两条路线衔接起来。因此，设计选择将这条步道作为核心元素，作为重要的衔接空间。设计保留并翻新了这条步道，其他所有步道的铺装路面也进行了修复，根据每个地点情况的不同，用到了不同的材料和植物。此外，还修建了更多的步道，让园内的交通更方便。

1、2. 神话花园
3~5. 心灵花园

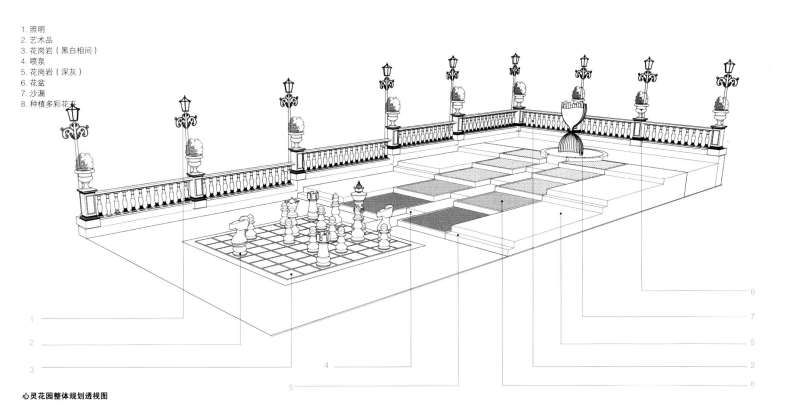

1. 照明
2. 艺术品
3. 花岗岩（黑白相间）
4. 喷泉
5. 花岗岩（深灰）
6. 花盆
7. 沙漏
8. 种植多彩花卉

1
2
3
4
5
6
7
5
2
8

心灵花园整体规划透视图

3

5

本案的设计不能只从静态的视角来欣赏，它的美主要是通过景观的动态变化来体现。交通动线的设计十分多样，不只是因为游客数量众多，也是为了营造步移景异的园林景观，让花园的环境体验更丰富。

4. 植栽设计与气候条件

考虑到巴拿山的气候和土壤条件，设计师选用了能够适应恶劣气候的植被种类。选择的标准是植物要强韧、价格实惠，并且能适应高山的海拔，同时也要兼顾植物形态与色彩的多样性。

此外，植物的选择还要注意喜阴植物与喜阳植物相结合，亲水植物与旱地植物相结合。植栽的布局位置也很重要，要确保植物全年的良好生长。因此，设计师将植栽分为两组。第一

组是全年固定栽种，种类要经过细致的挑选与测验，以确保这些植物能适应巴拿山的气候和土壤条件。第二组只在节庆期间栽种，营造花团锦簇、色彩斑斓的园艺环境，所以选用的都是五颜六色的观赏性花卉。这些品种的植物只有很短的生长周期，一般一到两个月，并且在阳光充足的时期生长最佳，因此适合节日观赏的用途，第二年还能重复使用。

5. 园艺展示锦上添花

由于爱情花园本质上是休闲观光场所，所以一定要保证其每月、每年都能吸引游客。为确保能不断吸引游客前来这个规模虽小但独具特色的观光胜地，设计师特别为其打造了园艺展示，根据季节汇集了色彩斑斓的花卉和特殊品种的植物，营造出具有艺术美感的园艺装饰效果，让游客体验园艺的跃动之美。

1、2. 秘密花园
3. 时间广场

硬景观设计说明

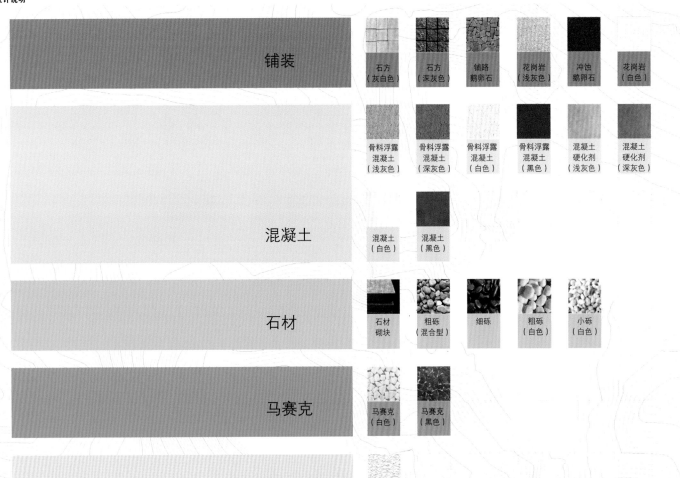

铺装	石方（灰白色） · 石方（深灰色） · 铺路鹅卵石 · 花岗岩（浅灰色） · 冲蚀鹅卵石 · 花岗岩（白色）
混凝土	骨料浮露混凝土（浅灰色） · 骨料浮露混凝土（深灰色） · 骨料浮露混凝土（白色） · 骨料浮露混凝土（黑色） · 混凝土硬化剂（浅灰色） · 混凝土硬化剂（深灰色） · 混凝土（白色） · 混凝土（黑色）
石材	石材砌块 · 粗砾（混合型） · 细砾 · 粗砾（白色） · 小砾（白色）
马赛克	马赛克（白色） · 马赛克（黑色）
墙	毛石墙上漆

花卉

 金鱼草"白色德加诺"
 紫菀"白夫人"
 石竹"白色拿破仑"
 杂色菊"白色之吻"
 天竺葵"白色独侠"
 鼠尾草"白穗"

长春花"白金刚"
金鸡菊"骄阳"
柳穿鱼"奇妙黄"
鲁冰花"异域蓝黄"
金盏花"黄日食"
 杂色菊"黄霜之吻"

紫菀"深蓝夫人"
石竹"紫色咖啡师"
飞燕草"深紫浪漫"
洋桔梗
紫罗兰"紫伞"
 杂色菊"白色火焰"

鼠尾草"红穗"
石竹"红色拿破仑"
天竺葵"鲜红独侠"
长春花"红金刚"
 天竺葵"橙色独侠"
  杂色菊"橙色火焰之吻"

鲁冰花"异域系列混合"
雏菊"塔索系列混合"
大丽花"费加罗系列混合"
 石竹"粉色拿破仑"
杂色菊"吻系列混合"
天竺葵"独侠系列混合"

天竺葵"粉水银"
鼠尾草"带穗玫瑰"
  紫罗兰"红伞玫瑰"
 长春花"蔓越金刚"
 长春花"杏黄金刚"

 矮牵牛"大花白金宝"
矮牵牛"大花红霜金宝"
矮牵牛"大花玫红霜金宝"
矮牵牛"大花金宝系列混合"
矮牵牛"双枝大花瀑布系列混合"
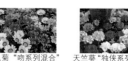 醉蝶花"钻石系列混合"

醉蝶花"白钻石"
矮牵牛"大花樱桃金宝"
矮牵牛"大花紫罗兰金宝"
矮牵牛"大花蓝天金宝"
矮牵牛"大花绒霜金宝"
万寿菊"月光柠檬黄"

 凤仙花"神圣紫罗兰"
 凤仙花"神圣白"
 凤仙花"神圣樱桃红"
  凤仙花"神圣粉"
凤仙花"神圣橙"

三色堇"蓝色微笑"
 山牵牛"橙雷"
 藿香"蓝色桑塔纳"
  大果柏

 绣球花
 瓜叶菊"纯蓝小丑"
 瓜叶菊"蓝白小丑"

  紫罗兰仙客来
 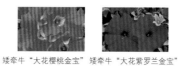 千日红"紫地精"

          紫罗兰薰衣草

植物

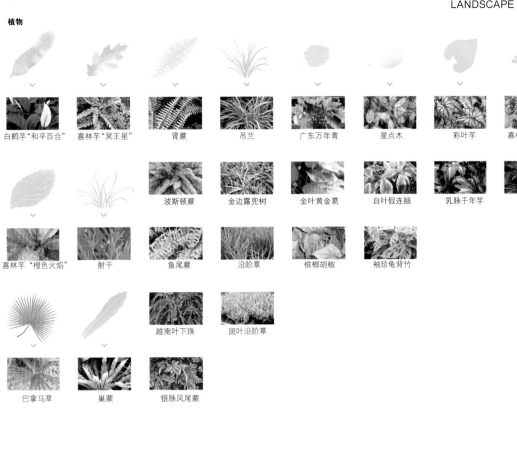

白鹤芋"和平百合"　喜林芋"冥王星"　肾蕨　吊兰　广东万年青　星点木　彩叶芋　喜林芋"上都"

波斯顿蕨　金边露兜树　金叶黄金葛　白叶假连翘　乳脉千年芋　春芋

喜林芋"橙色火焰"　射干　鱼尾蕨　沿阶草　槟榔胡椒　袖珍龟背竹

越南叶下珠　斑叶沿阶草

巴拿马草　巢蕨　银脉凤尾蕨

植物

| 适度浇水　喜半阴环境 | 肾蕨 | 波斯顿蕨 | 鱼尾蕨 | 吊兰 | 星点木 | 银脉凤尾蕨 |

大量浇水　喜半阴环境

白鹤芋"和平百合"　乳脉千年芋　广东万年青　金叶黄金葛　彩叶芋　槟榔胡椒

适量浇水　喜半阴环境　偶尔喷淋

喜林芋"冥王星"　喜林芋"上都"　春芋　"橙色火焰"

适量浇水　喜阳

巴拿马草　越南叶下珠　射干　白叶假连翘

适量浇水　喜半阴环境　喜阳

沿阶草　巢蕨　斑叶沿阶草　金边露兜树

大量浇水　喜半阴环境　喜阴

袖珍龟背竹

色彩配置

本案将色彩作为一种装饰元素来使用。将鲜艳的色彩、丰富的质感与创意的图案融合成充满趣味性的设计元素，寓教于乐。

弗朗西丝·雅各布斯校园景观

景观设计：DCLA 景观事务所

项目地点：美国，科罗拉多州，丹佛

1、2. 从正门眺望"风广场"，远处是户外教室和学生花园

操场设计——色彩与质感并重

　　弗朗西丝·雅各布斯学校（Frances Jacobs School）隶属于丹佛公立学校联盟（Denver Public Schools），户外环境的设计由丹佛本地的 DCLA 景观事务所（Design Concepts）负责。本案尤以操场的设计为亮点，将鲜艳的色彩、丰富的质感与创意的图案融合成充满趣味性的设计元素，寓教于乐。材料和施工上的新技术让"软景观"和"硬景观"的设计创意得以实现。

　　耐用性与安全性永远是校园景观的设计重点。但是，随着材料、设计技艺和施工技术的不断进步，校园环境也面临着新生的机遇。DCLA 景观事务所总裁、美国景观设计师协会（ASLA）会员卡罗尔·亨利（Carol Henry）将本案的用色限制在 2 ~ 4 种，将色彩作为一种装饰元素来使用，"越多越好。"

　　对于小学的校园环境来说，尤其是丹佛弗朗西丝·雅各布斯小学，色彩的选择上可以使用非常明艳的颜色搭配，迎合儿童异想天开的想象力。这所学校的操场设计更是将色彩用到极致——校长、教职工以及其他相关各方都参与了初期设计并表达了对色彩应用的强烈愿望。

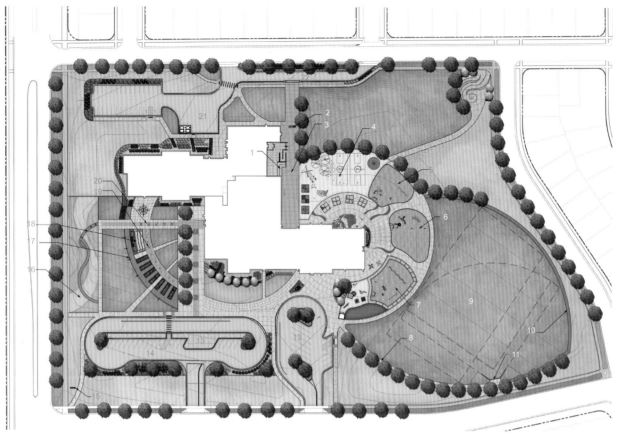

平面图
1. 学生活动区
2. 入口
3. 日晷
4. 游戏图案区
5. 中学生操场
6. 小学生操场
7. 学龄前 / 幼儿园操场
8. 混凝土跑道
9. 多功能操场
10. 精致跑道
11. 挡弹墙
12. 学龄前 / 幼儿园停车场（19 车位）
13. 学生下车区
14. 教职工停车场（19 车位）
15. 遮篷
16. 环境学习区
17. 互动式气象站
18. 户外教室
19. "能量之路"
20. "风之路"
21. 服务区
22. 公共汽车下车区

1. 户外教室和学生花园之间的 "能量之路"。背景中的立柱用于悬挂学生自己设计的条幅
2、3. 户外教室

正门

学校正门临街，从街上的视角来看，校园形象的焦点无疑就是正门了。正门的设计借鉴了当地住宅的传统模式——院门后通常会有一条长长的地毯，引领宾客到达屋内。而在这里，正门后是一条名为"风之路"的步道，材料采用混凝土，色彩鲜艳，图案丰富，引领访客来到大楼门口。

这条混凝土步道上，红黑二色相间，其中黑色部分的图案尤其表现了风的神韵，形成极具吸引力和趣味性的视觉效果，同时也符合本案设计的主题——能量。施工技术为混凝土上的喷砂和蚀刻，之后再上漆并密封。

"能量之路"

"能量之路"是外围的一条弧形步道，以红色为底色，黑色为图案，旁边是绿油油的草坪（软景观），色彩上形成鲜明对比，另一边是混凝土阶梯小广场（硬景观）。地面上的图案都是不同种类的能源，以蚀刻和喷涂的手法点缀在路面上。

阶梯小广场——户外教室

混凝土阶梯广场把课堂搬到了户外，营造了一个舒适的户外学习环境。这里的空间可以灵活利用，向学生发表讲话或者举办社区活动都可以。设计上非常简单，色彩也很单一，与周围的绿色植被以及入口处明艳的色调、生动的图案和丰富的质感形成对照。并且，这里也没有浪费寓教于乐的机会——台阶上刻有名人名言，传递的都是充满希望的信息，有益于孩子的身心健康，当然，也与"能量"的设计主题相扣：

项目名称：
弗朗西丝·雅各布斯校园景观
竣工时间：
2014年8月
建筑设计：
SLATERPAULL建筑事务所
（SLATERPAULL Architects）、HCM
建筑事务所（HCM Architects）
委托客户：
丹佛公立学校联盟（DPS）
面积：
5.8公顷
摄影：
图片由DCLA景观事务所提供

"我不能改变风向，但我能调整帆来到达彼岸。"——吉米·迪安（Jimmy Dean）

"能量与坚持让你无往不利。"——本杰明·富兰克林（Benjamin Franklin）

"大部分人一口气跑得不够远，否则会发现，还可以再跑一口气。全力以赴追求梦想吧，你会惊讶自己竟有如此的能量。"——威廉·琼斯（William Jones）

操场

趣味性是操场设计的自然趋势。空间大、有活力，适合儿童户外嬉戏、放

松身心，这些都是衡量操场设计成功与否的标准。

　　这所学校的操场毫无例外地也面临体量、安全、耐久等问题，同时要兼顾"能量"的主题。操场共有三个：学龄前／幼儿园操场、小学操场和中学操场。给年龄较小的儿童设计的操场采用蜿蜒的步道和各种游乐设施，更重要的是，使用了大量鲜艳的色彩。三个操场上都能看到呼应"能量"主题的设计元素。

"能量"主题游乐元素

　　各个学校都有不同类型的操场、游乐空间、儿童游戏用的立体方格铁架等，这所学校也不例外。操场不仅是游乐和户外活动的场所，同时也是学习的环境。

操场上随处可见"能量"的主题，包括硬景观表面，到处都有代表能源的图案，通过喷砂和蚀刻呈现在混凝土表面，采用色彩鲜艳的 Lithichrome 石面漆，喷涂后再进行密封处理。

风车的超大型图案反复出现在沥青地面上，代表着运动带来的动能，色彩鲜艳，主要有红色、橙色和蓝色。

"风车四方格"也体现了运动产生的动能。格内采用彩色三角形的图案，颜色有橙色、红色、浅蓝色和深蓝色。

"风能四方格"的设计完美实现了寓教于乐的目标。风能是我们都很容易理解的常见的能源，但是这里，各种程度的风仍能激发我们的好奇心。"风能四方格"共有三个，分别代表"狂风"、"和风"和"飓风"，格内拼写出其英文名称，并配有风速、航海标志等表现其特点。另外两个方格以白色的抽象图案表现出飓风，还有一个画的是蓝色的风的图案。

"大太阳"也是操场地面上的一个图案，代表太阳能，颜色当然用的是明艳的黄色。

"风车跳房子"代表风车转起来时产生的旋转动能。这是一个超大型的跳房子游戏方格，坐轮椅的孩子也能跟其他蹦跳的小伙伴一起玩。巨型的方格漆成绿色、黄色和亮白色。

"向日葵跳房子"也是一种游戏，格子的图案是巨大的绿色叶片，格子里有白色的数字。房子的"老家"是 10 号，也就是这株向日葵的巨大的黄色花冠。

"蒲公英"也是操场上的图案。看起来好像是蒲公英吹散在沥青地面上。蒲公英的茎是翠绿色，花头用的是最亮的白色。

"篮球场"上用黄色的图案表现了离心力和惯性，这里也是玩"跳球"游戏的场地。孩子们能在游戏的过程中学习什么是球的旋转和旋转的中心。

"螺旋桨绳球"场地上也用了彩色三角形，有红色、绿色、黄色和蓝色，蚀刻并喷涂在沥青地面上，看起来好像被风吹散。

"美国地图"是户外地理教学场地，将科罗拉多州的地图以白色喷涂在地面上，地图上能看到这所学校的位置——一个翠绿色的小块。

"风之迷宫"也是操场上的图案，以抽象的图形表现出不同种类的风，迷宫中央是学校的名字。

四大"世界名风"——法国"密史脱拉风"（Mistral）、太平洋西北的"切努克风"（Chinook）、北极的"斯夸米什风"（Squamish）以及英国的"舵轮风"（Helm Wind），绘制在操场的正中央，风以柔和的弧形线条来表现，风的名字出现在图案上方的混凝土地面上，喷砂并着色。

"儿童涂鸦板"是一块放射状的红色混凝土地面。对孩子们来说，这是一块地面上的涂鸦板，可以随意创作，清洗很方便。

"风向标"是操场上的雕塑造型，色彩鲜艳，确实也具有指示风向的功能，学校的名字刻在上面。学校不上课的时间里，附近居民也可以到操场上活动。风向标仿佛在向大家召唤。

残障人士通道的设计也十分注重细节，与室内栏杆上的风车图案相呼应。健身房里有一扇开窗也设计成类似风车的几何造型，透过彩色玻璃能看到外面的操场。

"能量广场"周围设置了一系列小花园，各个年级都能使用。

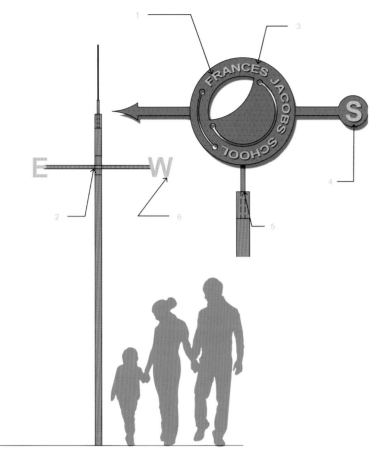

注：旋转 90 度视图

"风向标"设计示意图
1. 金属字母
2. 南北箭头与东西箭头垂直
3. 金属风向指示板
4. 风标尾端字母 S
5. 密封轴承，确保指示针旋转
6. 30 厘米激光切割金属字母 "W"

1. "风之迷宫"
2. 幼儿游乐场周围设置蜿蜒步道
3. 幼儿游乐场上色彩斑斓的游乐设施
4. "风向标"
5. 入口大门标识

4

设计理念

以"能量"为主题，以室内"风车"的图案贯穿始终。

设计特色

"风广场"：

·风向标雕塑

·风向计

·风力计

·气压计

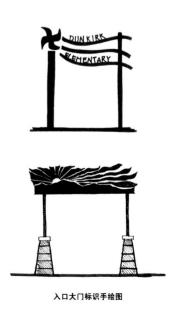

入口大门标识手绘图

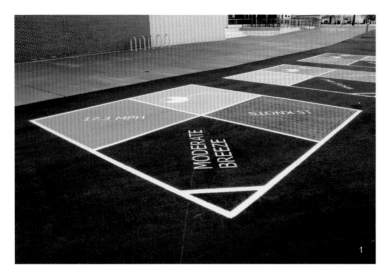

· 蚀刻的风的图案

· "风之路"

· "能量之路"

表现"能量/能源"的图案：

· 风

· 谷物

· 地热

· 石油

· 太阳

· 核能

· 煤

· 水电

互动式游乐/学习工具：

· 日晷

· "风车跳房子"

· 四方格

· 篮球场（图案：离心力 + 惯性）

· 绳球场（图案：螺旋桨）

· "风之迷宫"

· 蒲公英

学习空间

  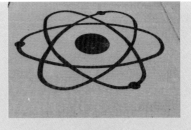 

   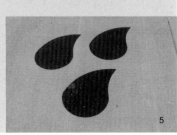

5

户外教室:
·互动式气象站
·"环境探索"学习区
·学生花园
主题式互动学习与游乐区:
·学生艺术创作展示区
·蚀刻名人名言
体育锻炼区:

·跑道
·操场
游乐区:
·学生花园
可持续设计:
·早熟禾草坪
·能适应环境的本地原生植物

1、地面彩绘之"风能四方格"
2、地面彩绘之"吊球套环"
3、地面彩绘之"向日葵跳房子"
4、地面彩绘之"螺旋桨绳球"搭配彩色三角图案
5、6. 代表能源的各式图案通过喷涂和喷砂呈现在彩色混凝土地面上

6

绿色建筑户外景观规划

项目地点： 中国，常州　　　　　**景观设计：** 路兹&范弗利特设计工作室（LOOSvanVLIET）

本案景观设计的核心理念是"水与生态"。所用植被都能净化水源与空气，并对鸟类与蝴蝶等动物具有有益的生态价值。某些植物的选择还考虑到对沙土的过滤以及类似沼泽的生长环境。用地内的四栋建筑物都是办公楼，分属于不同的公司，根据这四栋楼的布局，景观规划分为四个部分，每部分的植物各有独特的色调。这样一来，每个区域就拥有了自身的特点。其中一个区域内种植白色植物，另一个区域以紫色为主，一个区域是粉色的，还有一个种植蓝色花卉。

规划设计围绕可持续用水、能源生产和植被净化，给出了一体化的解决方案，营造出特色鲜明的景观环境。绿色建筑及其前方的滤水广场是整个设计中的标志性元素。建筑及其户外环境都体现了可持续发展的主题，将成为未来开发的典范。

设计时间： 2013年　　　**合作单位：** 南京恩尼特（NITA）景观设计工程有限公司、尼克·卢森景观事务所（Niek Roozen BV）　　　**面积：** 7公顷

"雨水走廊"和池塘

平面布局鸟瞰

设计理念区分了不同的层次。车行铺装路面是贯穿始终的背景铺装，所有地砖都朝同一个方向，突出整体和统一，为第一个层次。第二个层次是水渠，嵌入铺装层，连通池塘和小花园，所有水面在相同的标高上。除了水渠之外，还有极具标志性的滤水广场这一层次，与拼接式绿化相结合。高处还有屋顶花园绿化层以及太阳能层。总之，贯穿设计理念的终极元素就是水，衔接起高低两处，从屋顶绵延到水渠。其他的设计元素也都围绕着水的主题，包括植被、广场、格子式布局、"雨水走廊"、入口大厅以及界标雕塑等。最终呈现出来的方案以优美的设计实现了可持续开发的目标。

设计内容：户外景观、屋顶花园、外立面绿化

设计主题：可持续性、节约饮用水、节能、能源生产、空气净化

垂直花园

总平面图

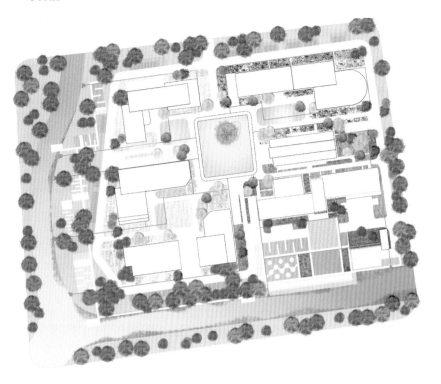

小广场

水景广场

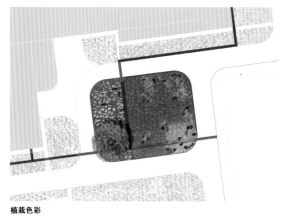

水景广场与喷雾喷泉

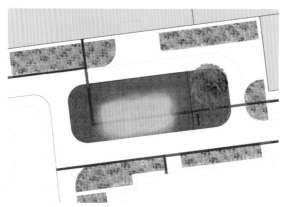

植栽色彩

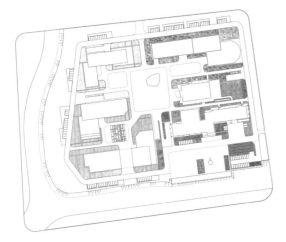

树木色彩

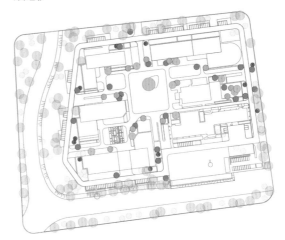

界标雕塑

"雨水走廊"

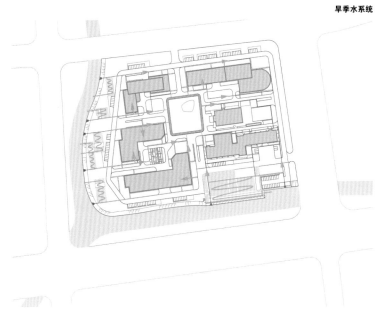

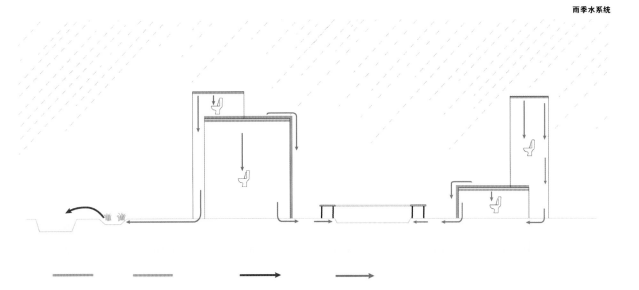

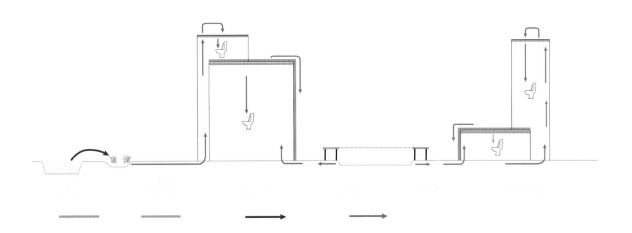

意大利贝加莫市维尔德广场（Piazza Rosa）鸟瞰

全彩生活

文：彼得·芬克

"色彩会讲所有的语言；

敞开心扉，色彩会更明艳；

色彩能表现人的心理。"

——卡尔·古斯塔夫·荣格（Carl Gustaf Jung），瑞士心理学家

色彩对人有着一种与生俱来的吸引力，运用在景观环境或城市环境中，可以激发人强烈的情绪反应。这也许可以解释为什么很多建筑师和设计师对色彩的运用很困惑——如果不是说有点害怕的话，而把精力全都放在其他设计元素上。也许正因如此，我们的建筑和景观环境中选用的色彩往往看起来是设计过程中最具主观性的选择，常常是根据设计师的个人喜好，而不像其他方面，比如形式、空间、选用的材料（选择材料的时候，暗含地也就选择了材料自带的天然色彩）。在设计公司里，色彩很少会作为一个严肃的问题来讨论。选择什么色彩，常常是

在设计过程的最后阶段才决定，而且选择某种颜色的理由几乎从来不会受到质疑。

"色彩能够表现光，不是简单的物理现象，而是画家眼中的光。"

——亨利·马蒂斯（Henri Matisse），法国画家

通常，设计界之外的很多人会说，色彩的选择只不过是品味的问题，意思是说，每个人都同样有资格发表他们对色彩的观点。还有些人强调艺术手法，认为单纯的色彩选择只有通过艺术的手法来表现才能算得上是创造。但是，色彩在景观和城市设计中显然要满足许多不同的需求，除了人的环境体验之外，还有经济、实用等问题。要解决这些问题，需要的就不只是敏锐的艺术感了。

作为一名景观和城市设计师，多年来我一直对色彩的运用问题感到困惑。根据我的经验，色彩及其使用方式是我们所有设计的核心问题。想一想吧：色彩充

色彩斑斓的铺装和植被

斥于我们周围，影响着我们的感观，我们完全沉浸其中。现在我们在设计中利用越来越多的，正是这种"沉浸式"的影响，以此来改变我们的行为和情绪，让我们走得更快或更慢，感觉更放松，吃得更多，生产力更高，甚至花得更多钱！理解色彩的力量及其对人的影响，我觉得这在设计过程中已经变得愈发重要了。色彩、色调、搭配、比例、布局，这些都是需要去探讨的问题，因为色彩装点着我们日常的生活环境，无时无刻不带给我们视觉感受和情绪影响。

景观环境显然也要受到色彩的影响。冷色调给人后退的感觉，或者说给人以距离感，而暖色调感觉向前，或者说感觉更近。要想设计出与众不同的景观环境，需要考虑的问题很多。景观环境不仅为人类，也为生态系统服务，要想实现这双重的功能，植物起到重要作用。除了保障功能性之外，植物还能让景观环境更有吸引力。景观环境如果充满了色彩缤纷的植物，会更能吸引人的注意力，容易成为人群聚集的焦点，有助于促进社会交往。

植物是景观设计中的重要组成部分，可以通过形式、线条、形状、色彩、质地、空间和价值来表现，就跟在视觉艺术中的用法一样。这些艺术元素相结合，就体现出设计的法则，包括强调、平衡、和谐、多样、运动、韵律、比例和统一等。色彩是一个强大的设计元素，可以吸引注意力，引导人的眼睛，是视觉感知必不可少的一部分，让人沉浸在周围空间里，色彩也是这空间的一部分。感官上的沉浸是我们感知自然环境的基础。

但是，所有人都是以完全相同的方式感知色彩吗？主流科学一般认为，色彩感知中涉及的心理过程是普遍相通的，而心理学的任务就是去研究人类的这些相通点。色彩为心理学的研究提供了一个完美的课题，因为，虽然波长谱是固定的，但是色彩的感知却有着并非固定的心理过程、文化编码和语言编码。

"在色彩中，大脑和宇宙邂逅。"

——保罗·克利（Paul Klee），瑞士裔德国画家

色彩感知到底是具有普遍性，还是具有文化差异性？这是心理学中一个有趣的话题。一种观点认为，语言和文化不会影响人们的色彩感知。另一种观点认为，色彩的感知取决于文化对于色彩词的定义。作为一名设计师，以我自身的经验来说，两者都有道理。我觉得，一方面，我们对色彩的使用遵循着通用的分类法，而另一方面，色彩感知又明显带有不同的区域文化的标记。

比如说，白色是世界通用的颜色，但在东西方却有着完全不同的象征意义。在西方文化中，白色象征着纯净、和平与圣洁，而在非西方社会，白色却代表了死亡、悼念、悲伤……红色也是，在西方代表危险、爱情、激情，而在非西方语境中则与喜庆、繁荣、丰饶等寓意联系在一起，在非洲某些国家，红色甚至象征着哀悼。

维尔德广场全景

我常常在想，是什么原因导致了这些文化差异呢？心理学家通过研究，正在建立这样的理论：人们会通过他们在特定的文化环境中的生活经验来将某种认识模式"内化"。作为一名设计师，我觉得这种观点十分有趣，因为它涉及了一个曾经困扰我的问题，那就是：就色彩而言，许多国际知名设计师都在国际化的背景下做着相同风格的同质化设计，而不是彰显他们自己的地域文化，而在建筑的造型和材料处理等方面又注重高度个性化。

认知研究显示，东亚（如中国、韩国、日本等）和西方（如美国和加拿大）在认知经验上存在着系统化的文化差异。在东亚社会中，人们更注重对客体的整体感知以及各个客体之间的关系；而在西方社会，人们只把注意力集中在最突出的客体上，将其从背景环境中单独分离出来作为目标对象。其他研究似乎也表明，东亚的文化侧重相互依存关系，而西方文化在人际关系和推理风格中强调独立感。研究似乎也显示，在视觉形式的表现上，比如绘画、图示甚至是照片，也有类似的特点。比如，东亚的名画与西方名画比起来，内容显然更丰富。

有些研究者认为，经常接触这些视觉表现，会让人把某种认知模式内化。研究似乎表明，这种影响会导致产生某种特定文化下的认知和理解方式。比如说，西方人在视觉表现中更容易看到独立的客体，而东方人更容易看到整体环境和相互关系。

这些发现似乎支持了这样的理念：色彩作为受文化影响的对真实世界的感知体验，在设计过程中应该得到比现在更多的关注。

那么，在现代景观设计中，如何创造性地运用色彩，才能使其既是全球通用的现象，又符合特定地理环境和文化背景呢？

景观环境中的色彩选择是个复杂的问题，也是个人喜好的问题。因此，对色彩的选择要在主观的个人喜好和客观分析色彩对公众的影响之间达到某种微妙的平衡，因为色彩影响着所有人对环境的感知，比如说，放在景观的环境背景下，它影响着我们对时间和季节的感知。不论是注重实用性还是跟着灵感走，我们都应该将色彩的选择视作整个设计过程中必不可少的一环。这也意味着，设计师、心理学家、景观设计师等各领域的专业人士应该共同探讨色彩在环境中的应用，这种探讨应该是更加细致入微、更加系统、更加多面性的。

粉色铺装格外抢眼

照片版权所有：李奥纳多·塔利亚布埃（Leonardo Tagliabue）

座椅也是粉红色

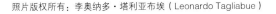

彼得·芬克

彼得·芬克（Peter Fink），英国设计师。30多年来，芬克以艺术家的身份参与了世界各地的各类知名项目，在设计中关注社会和环境的可持续发展。在多年的实践中，通过协调社区、学校、各类组织机构以及政府和私人投资方等多方的关系，芬克成功地将艺术融入建筑、景观、城市和环境设计，创作了大量杰出项目。

在芬克的作品创作中，有一条贯穿始终的主线，那就是跨学科的合作与全方位的沟通——包括与委托方、终端使用者以及当地居民之间的沟通。芬克对于建筑与城市设计一如既往的热情和关注也将他带入了学术界，任教于伦敦AA建筑学院（Architectural Association），并在巴特莱特建筑学院（Bartlett School of Architecture）担任论文导师。

芬克穿梭于欧洲和北美的各大城市，参加会议、发表演讲，积极主持策划设计师与公众的座谈会，其作品已在欧洲、北美和亚洲广泛发表。

英乌闽

范爱水

英乌闽（Vu Viet ANH），TA景观事务所（TA Landscape Architecture）创始人兼主创设计师，毕业于胡志明市建筑大学（Ho Chi Minh City University of Architecture），获得建筑专业学士学位和城市规划专业硕士学位。TA设计团队在英乌闽的带领下，涉猎了各类项目，从2000公顷的生物保护区的规划，到涉及方方面面的建筑设计，再到室内设计中一张定制的桌子，不一而足。在各类规划和设计项目中，"责任感"一向是英乌闽克服一切挑战的法宝。他认为，不论是建筑师、景观设计师、城市规划师还是室内设计师，首先都要对其所在的自然环境和社会环境负责；任何困难都能通过不懈的努力找到出路，而答案往往就在周围环境中等待发现，创造力往往来自深入的调查研究。英乌闽也积极投身学术活动，在胡志明市建筑大学担任建筑与城市规划专业的讲师，同时担任该校研究生培养与国际关系部主任。

范爱水（Pham Thi Ai THUY），TA景观事务所创始人兼首席执行官，专注于跨学科合作和一站式设计服务。作为TA日常事务的组织领导者，范爱水掌控着设计的方方面面，从先期接触客户，到最终敲定设计方案乃至现场施工。在她的领导下，TA得以用最经济、最环保的设计方案满足客户的需求。除了日常管理工作之外，范爱水还以全副精力涉猎景观设计与规划，她拥有城市规划专业学士学位和城市管理专业硕士学位，在研究和实践中对公共环境和人文景观情有独钟，现任胡志明市建筑大学景观设计与城市规划专业讲师，同时担任该校景观设计与研究中心主任。

大自然的配色之道：
探秘越南"造景"园艺
——访越南TA景观事务所

景观实录：景观设计这个行业您做了多久？

TA：我们对这个行业的热爱要追溯到2007年，那时我们还是建筑大学刚毕业的学生。那时候的越南还没有这么多人知道景观设计。大部分人觉得那不过是摆弄花花草草之类的玩意，或者误以为就是园林设计。当时有个机会就是阮惠大道园艺景观设计招标。我们是最年轻的一支投标团队，由一名青年建筑师和三名学生组成，有幸获得了特等奖，我们的景观设计之路便由此展开。

景观实录：您擅长什么类型的景观设计？

TA：从我们第一个项目也就是阮惠大道园艺景观开始，我们就以我们称之为"造景"类型的景观设计而闻名。这种类型的景观特点可以用三点概括：实效性、多用花卉、人群密集。比如一间屋子需要用盆栽来营造某种氛围，或者一座城市需要用植物来装点节日的街道。阮惠大道那个项目大获成功之后，这类设计在越南就流行开来，也让人们逐渐开始关注景观设计师。而我们，尽管现在已经是一家拥有专业的跨学科设计团队的公司，仍然以"街道园艺设计"而为人所知。

景观实录：您认为，景观设计中需要重点考虑哪些因素？

TA：我们的景观设计理念强调三点：用地的自然环境、新增的设计元素、人与环境以及人与人之间的互动。

景观实录: 色彩在景观设计中起到什么作用? 您是否认为色彩在景观项目中很重要?

TA: 我们通过各种感官来感知景观, 而其中最重要的就是视觉感官。色彩总是能第一时间吸引我们的注意, 让我们体验不同的氛围和情绪。因此, 毫无疑问, 色彩在景观设计中起到举足轻重的作用。大自然的色彩永远是景观设计师的终极灵感之源。在色彩的使用上与周围的自然色调形成对比, 这也永远是强调人在大自然中的存在感的一种基本方法。

景观实录: 您对不同色彩的搭配怎么看? 设计中倾向于使用哪些色彩?

TA: 在某种程度上, 任何色彩都可以完美搭配。大自然自有其配色之道。所有的颜色搭配自有其独特的效果。唯一的问题是: 何时要用什么以及如何正确使用。我们偏爱的颜色就是我们在设计中选用的材料的自然色, 比如说, 花朵的颜色。

景观实录: 在设计中, 您选择色彩的灵感从何而来?

TA: 正如前面所说, 越南 "造景" 设计最大的特点之一就是实效性。另外, 我认为对于任何类型的景观设计来说, 时间都是影响色彩搭配原理的重要维度。任何项目中使用的色彩必须要符合游客赏景时的情绪。项目特定的时间和地点永远是设计灵感最重要的来源。

景观实录: 不同的色彩会激发人们不同的情绪。您是如何根据这种情绪效应来选择色彩的?

TA: 激发出观者的某种情绪, 这应该是景观设计师做设计时的终极动机。我们在做 "造景" 设计时常常通过多种花卉的搭配营造五彩斑斓的效果, 让人们不自觉地就沉浸在节日的氛围中。相反, 如果是比较安静的环境, 比如纪念馆, 就比较适合单色, 但空间仍可以独具特色, 比如利用渐变色调或者利用不同种类的植物枝叶。

遮篷下红花似火

红黄花卉配色

景观实录：在设计理念的开发或者设计方案的实施过程中，您遇到过什么困难？

TA：对我们这种"造景"设计来说，困难太多了，简直列举不完。要说最主要的，可能还是"实效性"这点。也就是说，这种景观是临时性的，所以，要保证安装部件便于生产，景观效果易于维护，尤其要做到节约开支。有时，这种景观要做很多种方案，很难让客户对最终选择的方案效果完全满意。

景观实录：施工后的效果跟设计方案会有很大出入吗？

TA：有时候施工工艺的水平确实不如预期的那么高，但幸运的是我们大部分项目的施工效果都跟我们的设计预期很相近。

景观实录：色彩有自然色彩和人工色彩，自然色彩比如绿植、蓝天、碧水，人工色彩比如建筑、铺装等。能否举例说明您是如何处理不同元素的配色问题的？

TA：景观中的每个元素都有自身的颜色和特点。如果项目设计以颜色为主题，那么就要确保它能给观者以深刻的印象。用地周围的既定条件，包括天空、水源、天然植物和建筑物，都是当地环境独有的特色，也应该成为设计的特色。所有色彩的搭配也就是色彩与既定环境特色的搭配。另外，不要忘了，当地的人也是一个重要元素，设计成功与否，完全取决于人的反应。就拿我们的节日街道园艺来说，参观者人数众多，而且人群多元化，这一直是我们设计中尤其关注的一点。

飞龙雕塑

木架配花篮

大胆的颜色，"出彩"的景观

——访RWA设计总监凯瑟琳·拉什

凯瑟琳·拉什

凯瑟琳·拉什（Catherine Rush），澳大利亚RWA景观事务所（Rush\Wright Associates）设计总监，曾负责墨尔本和悉尼的诸多重要公共景观项目，包括墨尔本战争纪念馆（Shrine of Remembrance）和墨尔本维多利亚码头公园（Victoria and Docklands Park Melbourne），二者都获得了澳大利亚景观设计师协会（AILA）大奖。

拉什以设计创意和设计表现上的独特才华已在澳洲景观设计界得到广泛认可，作为RWA的设计总监，负责事务所设计业务的创意指导工作。拉什在城市设计方面拥有丰富的经验，这让RWA的设计又增加了一个层次，兼顾设计细节的同时，对项目设计的整体把握更到位。

在维多利亚码头公园的项目中，拉什负责设计构思。该项目占地2.5公顷，是墨尔本最新的公共环境开发区——码头区——的重点工程，毗邻扩建的柯林斯大街（Collins Street）。拉什的设计经验涵盖各种类型和体量的项目，包括集体住宅楼、医院、中小学校、大学校园、小型住宅以及纪念馆等。在公共环境设计领域，重点设计作品有：迪拜国际城（International City, Dubai）的一系列重点公园、堪培拉大学（University of Canberra）校园规划、令伍特火车站与富士葵城市交通枢纽（Ringwood Station and Footscray Transit City）、圣弗朗西斯泽维尔大学（St Francis Xavier College Officer Campus）教职工校区规划等。

景观实录：景观设计这个行业您做了多久？

拉什：我做景观设计师已经25年了。

景观实录：您擅长什么类型的景观设计？

拉什：公共景观，比如公园和市民活动空间；教育环境，尤其是校园空间和花园；细致的植栽设计和私人花园等。

景观实录：您认为，景观设计中需要重点考虑哪些因素？

拉什：我们身处极其复杂的设计文化之中，我们的设计要与众多的学科领域打交道，涉及不同的规模和复杂程度。通过多年的实践我们学到很多，也一直努力用我们的所学做出优秀的设计。有时候，为了以一种全新的方式去看待、解决某个问题，我们也要忘记我们所学。就我们的设计方法而言，重点因素可能包括以下几点：

· 制定详细的设计目标或者内部设计日程，项目团队严格执行，让景观设计不断完善，让委托客户参与其中，更有归属感

· 研究项目用地上适合种植什么植物

· 设想空间未来的使用和居住方式

· 符合文化经济环境背景

· 扩展认识：空间会随着时间演变——历史、环境、资金以及文化变迁

· 调研

· 让你设计的景观能随着时间完善自身

景观实录：色彩在景观设计中起到什么作用？您是否认为色彩在景观项目中很重要？

拉什：色彩是大自然物质世界的表现，每种颜色代

澳大利亚丹顿农市府大厦广场的彩色铺装

表了光谱中特定的一段。人类能识别多样的色彩，这一点我们已经习以为常了。在建筑环境中，比如说，国际酒店的房间，从色彩的角度来看，室内环境往往是乏味的。

大体来说，景观设计是一个跟植物打交道的领域。从心理上，看到生长的植物会对我们的身心健康产生巨大影响，有助于集中注意力，开阔心胸。而景观设计的作用就是让我们更贴近大自然，尤其是在城市环境中，以此来改善身心健康。

在所有文化中，色彩都起到特殊的作用。在每种文化背景下，色彩有着不同的精神、艺术和政治含义。因此，色彩对于景观设计来说非常重要，我们要对色彩的含义保持敏感。

景观实录：您对不同色彩的搭配怎么看？设计中倾向于使用哪些色彩？

拉什：我们通常直接从大自然的色彩搭配中寻求灵感。树皮的颜色、石头的颜色、俯瞰大自然全景的色彩、地质的构造、野生的植物、叶片、花朵、土壤的颜色……澳大利亚的自然景观会随着季节的变化呈现出不一样的色彩。景观元素有着自然的色彩，比如木材，设计中可以选用或突出这些色彩，或者从这些色彩出发加以改变。在景观小品、油漆以及照明元素中，我们喜欢使用大胆的色彩，与周围的绿色背景形成对照，在建筑材料沉闷的色调中添加一抹亮色。

景观实录：在设计中，您选择色彩的灵感从何而来？

拉什：色彩的选择往往取决于用地的周围环境、建筑设计以及文化背景。我们常用那些能够融入背景色的颜色，背景色是指材料的颜色，那不是我们选择的色彩。在现场施工和装配中，探索色彩的选择和搭配是个令人享受的过程，它能给设计带来动感、质感以及相对于外部环境的尺度感。通常，色彩的选择都是一个大胆探索的愉快过程。

景观实录：不同的色彩会激发人们不同的情绪。您是如何根据这种情绪效应来选择色彩的？

拉什：我们在设计中对色彩的文化含义会有很多考虑，让色彩与每个项目的文化背景相一致。我们使用色彩常常会基于色彩所具有的隐含意义，比如说，战争纪念馆庭院的景观小品选择了军绿色和卡

其色，与周围偶尔出现的红色恰成对照。我们喜欢在金属和混凝土上采用大胆的颜色，只要着色的部分易于维护，能够长时间保持原样即可。

景观实录：在设计理念的开发或者设计方案的实施过程中，您遇到过什么困难？

拉什：困难总是有的，还很多，这要取决于项目的复杂程度以及对进度的要求。说起来我们的三维制作团队功不可没。很多项目我们都要利用三维技术进行虚拟设计，从构思到设计图纸，都用三维效果来检验我们的设计理念，制作效果图，用数码技术添上植物。有些项目，效果图最终变成了现实，施工效果跟设计构想几无差异。

景观实录：色彩有自然色彩和人工色彩，自然色彩比如绿植、蓝天、碧水，人工色彩比如建筑、铺装等。能否举例说明您是如何处理不同元素的配色问题的？

拉什：丹顿农市府大厦项目就是个很好的例子，一种材料，多种色彩变化。比如说地面的花岗岩铺装。花岗岩的成分中含有石英，很自然地就将各种色彩糅合在一起。或者，如果从整体效果来看，这个项目的景观设计实际上探索了暖色调的应用，红色加橙色的基调贯穿了多种材料，包括钢、花岗岩、砖、深色木材以及玻璃纤维增强水泥（GRC）的橙色座椅等。简单清新的绿色草坪和茂密的澳洲松柏林点缀在暖色背景中，形成了整体和谐的景观色彩构成。

丹顿农市府大厦广场彩色铺装及座椅